Sommerekzem

SOMMEREKZEM

ERKENNEN · VORBEUGEN · BEHANDELN

ANKE RÜSBÜLDT

CADMOS
PFERDEBÜCHER

Auf der Grundlage der neuen amtlichen
Rechtschreibregeln

Zeichnungen von Anke Rüsbüldt

Der Verlag macht darauf aufmerksam, dass alle in diesem Buch beschriebenen Behandlungen unter Aufsicht eines Tierarztes oder eines erfahrenen Heilpraktikers durchgeführt werden sollten und lehnt deshalb jegliche Haftung für eventuelle Unrichtigkeiten ab.

2. veränderte Auflage 1998
Umschlag: Ravenstein Brain Pool unter Verwendung
eines Fotos von Cornelia Koller
und Angelika Schmelzer (Rückseite)
Druck: Grindeldruck, Hamburg

Printed in Germany

ISBN 3-86127-314-4

Inhalt

Danksagung

Danken möchte ich den lieben Menschen Bent Branderup und Herrn Schmidtke, die die charmante Idee entwickelt haben, ich müsste dieses Buch schreiben. Danken möchte ich auch allen, die noch charmanter versucht haben mich davon abzuhalten. Im Einzelnen gilt mein Dank Fräulein stud.med.vet. Christina Herbst für die durchgeführte Literatursuche, Gundel Vogel für die tiefen Einblicke in mir unerschlossene Naturheilverfahren, meinem Kollegen Thomas Gimpel für freundschaftlich-fachliche Beratungen, meiner Kollegin Frau Dr. Monika Bockholt-Homann für die freundliche Entlastung in der Praxis und all den Vierbeinern, die darauf verzichtet haben, während der Tipp-Phase krank zu werden.
Ferner geht mein Dank an diejenigen, die so freundlich waren mir Fotos für dieses Buch zur Verfügung zu stellen.

Anke Rüsbüldt im Mai 1997

Einige Worte zuvor

Seit mehr als zwanzig Jahren füllt das Thema Sommerekzem seiten- und spaltenweise die verschiedensten Fachzeitschriften. Trotz inzwischen lange eindeutig bekannter Ursache und zahlreichen wissenschaftlichen Publikationen ist das Interesse ungebrochen, nicht zuletzt, weil es nach wie vor kein allgemeingültiges Therapiekonzept gibt (geben kann).

Forschungen zum Thema Sommerekzem laufen in vielen Ländern und seit mehreren Jahrzehnten mehr oder weniger intensiv. Eine verständliche und in ihren Vorschlägen umsetzbare Zusammenfassung gefundener Ergebnisse und praktikabler Behandlungsmethoden fehlt bis heute. Dieses Buch soll versuchen, diese Lücke zu füllen und eine gewisse Übersichtlichkeit in das Geschehen zu bringen.

Es gibt bereits eine Sammlung von Tips und Tricks betroffener Pferdehalter, veröffentlicht in einzelnen Beiträgen in der Zeitschrift „Freizeit im Sattel". Zudem erscheinen regelmäßig in Publikationen für Freizeitreiter Artikel, Erfahrungsberichte und Leserbriefe zum Thema.

Stellungnahmen reichen von Verunglimpfung ganzer Rassen, Familien und Haltungsformen über zum Teil sehr drastische Vermeidungsstrategien bis zu „richtiger" Medizin, naturheilkundlichen Hinweisen und dreister Scharlatanerie. Hier die Spreu vom Weizen zu trennen gestaltet sich schwierig.

Häufig hörte ich in den Recherchen zu diesem Thema von jahrelangen Versuchen mit verschiedensten Therapieansätzen, bis schließlich eher zufällig eine Möglichkeit gefunden wurde, die Linderung schafft und für Pferd und Mensch durchführbar ist.

Ihr eigenes Bemühen für sich und Ihren Liebling die geeigneten Strategien zu entwickeln, soll hier unterstützt werden. Einiges aus der Reihe der Tips von Betroffenen ist sicher auf das eigene Pferd übertragbar, anderes ist nicht praktikabel oder kompletter Unsinn.

Der für Sie und Ihr Pferd richtige Weg kann nicht ohne weiteres auf alle betroffenen Pferde übertragen werden. Einige der heute bekannten und genutzten Therapien helfen bei einigen, andere bei vielen, keine aber bei allen Ekzemern.

Wer für sich und sein Pferd nun einen gangbaren Weg gefunden hat, neigt leider oft zu missionarischem Eifer, die eigene verunsicherte Probierzeit zunehmend vergessend. Informieren wir uns also über die verschiedenen Möglichkeiten und suchen uns das für unser Pferd Beste heraus. Kommunikation, Austausch von Erfahrungen und Solidarität unter Pferdefreunden sind hierfür Voraussetzung.

Einige Worte zuvor

Gemeinerweise trifft das Problem des Sommerekzems überwiegend Freizeitreiter und solche Pferdemenschen, die sich ehrlich um eine pferdegerechte Haltung bemühen (und von anderen dann entsprechend belächelt werden). In weniger pferdegerechten Haltungen tritt es nicht oder kaum auf.

Machen wir also mit unserem Anspruch, die Pferde artgerecht unterbringen zu wollen, bereits einen Fehler?

Schätzen wir falsch ein, welche Haltung unserem Pferd gerecht wird?

Zahlreiche Gedanken zu pferdegerechter Haltung und Fütterung unserer Vierbeiner sind veröffentlicht worden. Sicher ist der Ekzemer in erster Linie Pferd und muss so pferdegerecht wie möglich untergebracht sein. Eine Betrachtung von im Sommer erkrankten und „robust" gehaltenen Pferden, die „ganz natürlich" ohne Hilfe ihrem Ekzem ausgesetzt sind, zeigt aber, wie notwendig es ist, hier regulierend einzugreifen. Die Leiden dieser Tiere sind erheblich. Sie als Pferdehalter zu dulden, ist damit nicht zuletzt ein Verstoß gegen das Tierschutzgesetz. Betroffenen Pferden gilt unser ganzes Mitgefühl, denn anders als bei vorübergehenden Läsionen, fühlen sie sich den ganzen Sommer hindurch in ihrer Haut nicht wohl. Häufig verursacht diese Erkrankung richtige Panikattacken, in denen die Pferde auf das Fluggeräusch schwärmender Mücken hin losstürmen und versuchen zu entkommen. Entspannung und körperliches Wohlfühlen ist so sicher nicht möglich. Die hieraus leicht resultierende Gereiztheit beim Pferd wirkt sich letztlich auch auf unser Wohl aus.

Dieses Büchlein, so viel vorweg, kann natürlich weder das Problem beheben, noch den einen präzisen und erfolgversprechenden Behandlungsansatz liefern.

Es kann aber, so hoffe ich, dem interessierten Besitzer eines (oder mehrerer) dieser geplagten Ekzemer die wissenschaftlichen Grundlagen nahe bringen, Verständnis für den Ablauf der Erkrankung wecken und Hilfen geben für die Prophylaxe, Linderung und Therapie.

Grundsätzlich sollte sich der Mensch eines betroffenen Pferdes natürlich zunächst Gedanken machen, wann und unter welchen Umständen Veränderungen auftreten. Besteht nur ein wenig Unklarheit sollte unbedingt abgeklärt werden, ob es sich tatsächlich um den Symptomenkomplex des Sommerekzems handelt.

Die Diagnose-Bestätigung ist heute sehr einfach durch eine Biopsie (siehe Kapitel *Symptome und resultierende Veränderungen*), die der Tierarzt entnimmt - keine Angst, der Einstich einer Biopsienadel ist kaum schmerzhafter als ein Mückenstich - und zur Untersuchung an einen Veterinär-Pathologen weitergibt. Diese Untersuchung geht relativ schnell und ist nicht unmäßig teuer. Immerhin hat man ja die Chance, dass es sich gar nicht um ein „echtes" Sommerekzem handelt (in dem Fall braucht man dann auch nicht weiterzulesen). Mir ist dieser Hinweis besonders wichtig, da ich einen Fall kenne, in dem jahrelang an einem vermeintlichen Sommerekzem herumgedoktert wurde (nicht eben zur Freude von Pferd und Mensch), welches sich später als Milbenbefall herausstellte. Richtig diagnostiziert hätte hier schon im ersten Jahr wirkungsvoll behandelt werden können.

Genauso gibt es Pferde mit gestörtem Hautstoffwechsel, die sich regelmäßig während des Haarwechsels fürchterlich scheuern, ohne dass sie deshalb einer Sommerekzembehandlung unterzogen werden müssten. Zum Teil genügt sogar das Gerücht, ein bestimmter Hengst würde möglicherweise ein vermutliches Sommerekzem vererben, den Hengsthalter soweit zu verunsichern und zu frustrieren, dass so ein Pferd aus der Zucht genommen und kastriert wird.

Bitte seien Sie wachsam, erfinden Sie keine Diagnosen und behandeln Sie Ihr Pferd nach bestem Wissen, anstatt auf Meinungen („sehe ich doch, der hat Ekzem") und Gerüchte („das haben die aus dem Stall alle") oder wohlmeinende Ratschläge („stelle ihn einzeln und dunkel und fütter kein Heu") zu hören. Verantwortlich für das Wohl eines Pferdes bleibt immer allein sein Mensch!

Macht sich der geplagte Mensch eines sommerekzemgeplagten Pferdes nun Gedanken, geht es hauptsächlich darum, im Frühjahr den Ausbruch zu vermeiden oder dem kranken Pferd Linderung zu verschaffen. Dabei sollen natürlich all die anderen guten Ideen, die man für die Haltung und den Umgang mit seinem geliebten Vierbeiner hat, nicht plötzlich an Wert verlieren.

Auch ein sommerekzemkrankes Pferd hat natürliche Pferdebedürfnisse an Bewegung, Gelegenheit zum Kontakt mit anderen Pferden, frischer Luft und angemessenem Futter.

Alle für den Patienten notwendigen Einschränkungen müssen also so pferdegerecht wie irgend möglich vorgenommen werden. Ähnliches gilt nicht zuletzt auch für den pflegenden Menschen. Auch für ihn müssen die Einschränkungen mit dem normalen Alltag verbindbar sein.

Bei aller Liebe zum Pferd erweisen sich Therapievorschläge, die eine viermal tägliche Behandlung oder das Hereinholen der Pferde um drei Uhr in der Früh täglich erforderlich machen, in fast keines Pferdemenschen Alltag als durchführbar. Auch die besten Ideen erweisen sich so als wirkungslos. Jeder Besitzer eines Sommerekzemers wird bereits erlebt haben, wie man durch eigenen hohen Einsatz bis Mitte Mai das Ekzem in Schach halten konnte, ein (nur ein) Wochenende wegfährt und sich auf den nettesten, zuverlässigsten Menschen verlässt, den man finden konnte, nach zwei Tagen zurück ist und vor dem leidenden, scheuernden Pferd steht. Wir müssen uns also für uns auch auf die Durchführbarkeit der bevorzugten Therapien konzentrieren.

Vor allem durch die unglaubliche Bereitschaft Betroffener, ihre Sorgen, Rezepte und Erfolge mitzuteilen, gibt es inzwischen eine Reihe guter und durchführbarer Ansätze in der Vermeidung und Behandlung des Sommerekzems. Aus der veterinärmedizinischen Wissenschaft bekommen wir Hinweise über die genaue Pathogenese (den Krankheitsablauf) und die Symptome des Sommerekzems. Untersuchungen von Genetikern helfen uns, die Frage nach der Erblichkeit des Sommerekzems zu beantworten. Zoologen bringen uns die Lebensumstände der Mücken nahe und lassen uns diese „Feinde" verstehen. Untersuchungen betroffener Pferdegesellschaften zeigen uns etwas über Vorkommen und Verbreitung dieser Erkrankung. Ernährungsphysiologen weisen uns auf zusätzlich begünstigende Faktoren hin. Meteorologen beschreiben „gefährliche" Wetterlagen. All diese Informationen können uns helfen, im „Management Sommerekzem".

Nun hoffe ich nach ein paar einführenden Worten mit den Ausführungen der folgenden Kapitel Ihre Erwartungen an dieses Buch zu erfüllen, Ihnen ein wenig mehr Informationen, als Sie bisher bereits alleine zusammengesammelt haben, an die Hand zu geben und in Folge dessen unseren Pferden etwas mehr Lebensqualität zu schenken.

1. Die eigentlichen Auslöser

Trotz seit Jahren eindeutig bekannter Ursache halten sich Gerüchte um verschiedenste auslösende Faktoren hartnäckig. Manche zusätzlich begünstigenden Umstände erscheinen manchmal als Auslöser, weil die Erfahrung zeigt, dass bei deren Ausbleiben die Symptome nicht oder nur vermindert auftreten.

So hielt sich die Hypothese, frisches Gras könnte die Krankheit auslösen, hartnäckig, bis ein britischer Tierarzt - vom eigenen Zweifel getrieben - das Gegenteil experimentell erwiesen hat. Hier wurde versuchsweise die Hälfte der erkrankten Tiere aufgestallt und mit gemähtem frischen Gras gefüttert. Die Symptome gingen daraufhin zurück oder verschwanden ganz. Gras konnte es also nicht sein.

Auch die Hypothese, das Sonnenlicht sei verantwortlich konnte nicht erhalten werden, da es Bergweiden und Weiden an der Küste gibt, auf denen trotz Sonne bei erkrankten Pferden keine Symptome beobachtet werden können.

Diese verschiedenen Ansätze zeigen aber bereits deutlich, dass es zwar eine andere Ursache geben muss, aber Haltung und Ernährung als zusätzlich krankmachende Faktoren eine bedeutende Rolle spielen.

1. Die eigentlichen Auslöser

Inzwischen eindeutig nachgewiesen ist, dass es sich bei der Erkrankung am Sommerekzem um eine Überempfindlichkeitsreaktion einzelner Pferde gegen Inhaltsstoffe des Speichels von Mücken handelt. Je nach Region werden hier verschiedene Mücken verantwortlich gemacht. Im Sprachgebrauch *Gnitzen, Kriebbelmücken, Stechmücken* oder *Sandmücken*, zoologisch in unseren Breiten meißt *Culicuides Spezies.* Vermutungen in dieser Richtung gab es schon sehr lange, so gibt es Literaturhinweise, dass bereits 1964 von Pferde-tierarzt Doktor Ernst Elsholz die Ansicht vertreten wird, dass vor allem winzigste Mücken als Verursacher des Sommerekzems angesehen werden müssen.

Die häufig synonym gebrauchten Begriffe Sommerekzem und Sommerräude sind sehr unterschiedliche Erkrankungen!

Die Sommerräude ist eine Erkrankung durch Endoparasiten, die einen Teil ihres Lebenszyklus in der Haut von Pferden verbringen und ihre Eier dort ablegen. Anschließend an das Kapitel *Symptome und resultierende Veränderungen* findet sich ein Überblick über ähnliche Erkrankungen, die zu Verwechslungen führen können.

Beschäftigen wir uns nun etwas mehr mit „unserem" Erreger und seinen Lebensgewohnheiten, denn überlisten können wir ihn umso besser, je mehr wir über ihn wissen. Trotz all der Plage, die diese Mücke unseren Pferden und uns verschafft, ist sie ein Teil unserer belebten Natur! Ansätze, die auf die totale Vernichtung der Mücken hinzielen und unsere unmittelbare Umgebung so sehr insektizidverseuchen, dass schließlich auch die Singvögel und Schwalben nicht mehr auf lebenswerten Wohnraum treffen, versprechen zwar sehr langfristig Erfolg, sind aber (nach Ansicht der Autorin) nicht vertretbar.

Stechmücken sind außer auf Island weltweit verbreitet. Um sich vermehren zu können sind sie auf Gegenden mit geeigneten Brutplätzen angewiesen. Als Brutplätze bieten sich vor allem stehende oder langsam fließende Gewässer an. Ob es sich dabei um natürliche oder künstliche Gewässer mit oder ohne Lichteinstrahlung handelt, ist nahezu egal. Auch die Wasserqualität ist nicht von ausschlaggebender Bedeutung. Ein bisschen unterscheiden sich die verschiedenen Mücken natürlich in ihren Ansprüchen, aber im Großen und Ganzen gilt dies schon.

Wichtig für die Mücken ist ein gewisser Windschutz, so dass größere Gewässer im Allgemeinen gemieden werden. Wichtig ist dies für uns, weil in Gegenden, in denen nicht gebrütet werden kann, in der Regel auch kein Bedarf an Blut besteht. Blut saugen grundsätzlich nur die tragenden Weibchen.

Interessant ist, dass die Pferde das auch schon vor uns gewusst haben, so bleibt ein Pferd, das vor dem Anfluggeräusch einer einzigen Mücke panisch flieht, in einem tanzenden Mückenschwarm gelassen stehen - hier tanzen die Männchen und die ernähren sich von Blütensäften.

Die Stechmücken sind nur fünf bis zehn Millimeter groß und haben einen schlanken, mit Schuppen oder Haaren bedeckten Körper. Ihre Mundwerkzeuge sind zum Stechrüssel umgebildet, der etwa halb so lang ist wie ihr Körper. Einzelne Arten unterscheiden sich in der Stellung des Stechrüssels zur Körperachse, in dem Aufbau der beiderseits des Stechrüssels angebrachten Taster, im Aufbau des Schildchens auf dem Rücken und in vielen weiteren klitzekleinen Besonderheiten, die uns hier nicht weiter intressieren sollen.

Die Entwicklung der Stechmücken geht im Wasser vor sich, wobei die Arten der Eiablage und Haltung der Larven wieder unter den Stechmückenarten variieren. Vom Ei über Larvenstadien und Puppe entwickelt sich innerhalb von insgesamt zwei bis fünf Wochen - je nach Wassertemperatur - die Mücke. Das weibliche Tier kann bereits kurze Zeit nach dem Schlüpfen aus der Puppe begattet werden. Nach dem Blutsaugen legt eine einzelne Mücke bis zu 400 Eier.

Zum Vermehren benötigt die Mücke also Blut. Sie muss jemanden stechen und wählt dummerweise unser Pferd. Der Stich der Mücke erfolgt vor allem an weichen Hautstellen und bevorzugt in Bereichen, in denen die Haare senkrecht stehen. Dieses sind vor allem Mähnen-

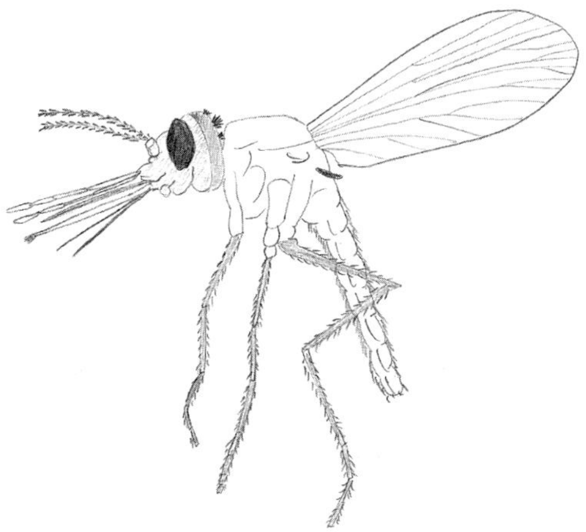

Der „Feind“ im Detail.

kamm, Schweifrübe, Kruppe und die Bauchnaht, jener schmale Streifen in der Mitte unter unserem Pferd, an dem beide Körperhälften sich treffen. Bevor die Mücke mit pumpenden Bewegungen beginnen kann Blut zu saugen, gibt sie zur Verhinderung der Blutgerinnung etwas Speichel ab. Genau dieser Speichel ist es, auf den unsere Sommerekzemer überempfindlich reagieren.

Der Zeitpunkt, zu dem die Mücke am liebsten sticht, ist stark von meteorologischen Gegebenheiten abhängig. Trocken, kühl und windig mögen Mücken es überhaupt nicht. Richtig stechlustig werden sie in feuchter Wärme und im Halbdunkel. Lieblingszeiten sind deshalb schwüle Abende, beginnende Gewitter und die Zeit kurz nach Sonnenuntergang. Im Gegensatz zu vielen gut sichtbaren Insekten ist unsere Mücke auch nachts aktiv. Das Aufstallen der Pferde tagsüber, was als Tip zum Teil immer noch veröffentlicht wird, und das nächtliche Grasen lassen, laufen nicht nur dem Tagesrhythmus der Pferde zuwider, sondern sind auch völlig sinnlos. Der Einzige, den dieses Vorgehen freut, ist die Mücke. Benötigt sie Blut, werden ihr frische Pferde hingestellt.

Stechmücken sind im Übrigen relativ konstant und entfernen sich ungern von dem Ort ihrer Geburt. Normalerweise legt eine Mücke nachts zwei bis maximal acht Kilometer zurück. Selten sind, von Winden getragen, Reiserouten von bis zu fünfzig Kilometer beobachtet worden. Suchen wir uns also einen Platz für unser Pferd, der von idealen Mückengebieten wenigstens zehn Kilometer entfernt ist.

Außer uns hat die Stechmücke noch einige (natürliche) Feinde: Fledermäuse, Frösche, Vögel und räuberische Insekten. Uns deren Hilfe zunutze zu machen wird Teil des Kapitels sechs sein.

Einzelne Fälle von Sommerekzem bei aufgestallten Pferden können eventuell auf eine Überempfindlichkeit gegen einzelne in Stallungen lebende Stechfliegen erklärt werden.

Kommen wir von der Mücke selbst zurück zu den anderen äußeren, veränderbaren Faktoren, die den Ausbruch der Krankheit bei einem betroffenen Pferd begünstigen:

Begünstigende Faktoren finden wir durch unzureichende Haltungsbedingungen, individuelle Vorgaben und Fütterungsimbalancen.

Individuelle Prädispositionen:

Es gibt Pferde, die ohnehin Schwierigkeiten im Hautstoffwechsel haben, wie es sich zum Beispiel in verzögertem Haarwechsel, starker Schuppenbildung, hoher Empfindlichkeit für Parasiten- oder Pilzbefall und langsamer Wundheilung äußert. Solche Pferde sollten auf generelle Stoffwechselprobleme untersucht werden.

Auch hormonelle Imbalancen, die sich in erhöhter Anfälligkeit der Haut äußern treten auf. Einige Stuten scheuern sich zum Beispiel während der Rosse am ganzen Körper. Bei anderen Stuten verändert sich die individuelle Hautempfindlichkeit während und nach einer Trächtigkeit. Hier sichere Diagnostik und Bekämpfung zu betreiben macht im Hinblick auf die Schwere der auftretenden Veränderungen sicher Sinn. Dafür ist zunächst das aufmerksame Beobachten notwendig. Für jeden Untersucher, ob Tierarzt, Heilpraktiker oder Futtermittelberater ist ein möglichst genauer Vorbericht unerlässlich. Bei einer normalen Untersuchung kann ja immer nur der momentane Zustand des Patienten erfasst werden. Ob und unter welchen Umständen das Krankheitsbild sich verändert kann für eine exakte Diagnose von unschätzbarem Wert sein.

Ähnlich der Neurodermitis des Menschen müssen wir auch den Einfluss der Psyche des Pferdes beachten. Manches Pferd fängt unter Stress vermehrt an, sich zu scheuern. Andere juckt es, wenn der

Besitzer alleine in Urlaub fährt. Für Gesundheit ist auch beim Pferd das seelische Wohlbefinden von ausschlaggebender Wichtigkeit.

Fütterungsbedingte Prädispositionen:

Häufig entsteht während der Winterfütterung in der Rationszusammensetzung ein Vitaminmangel. Häufig auch dort, wo reichlich Möhren zugefüttert werden. Es ist ein grundsätzlicher Irrtum, dass mit einem handelsüblichen Alleinfutter in jedem Fall der Bedarf unseres Pferdes gedeckt werden kann.

Speziell Allergiker haben andere Ansprüche an Futtermittel, als Tiere ohne Hypersensibilitätserscheinungen. In vielen handelsüblichen Futtern fehlt zum Beispiel *Calcium.* Auch der Zusatz von Vitaminen in Fertigfuttern ist nicht immer ausreichend. Einigen pelletierten Futtern werden zum Beispiel Vitamine zugesetzt, bevor die Futter erhitzt und gepresst werden. In diesen Fällen bietet sich eine zusätzliche Versorgung mit den *Vitaminen B, D* und *Biotin* häufig an. Hierfür stehen spezielle Präparate zur Verfügung. Auch eine schlechte Mineralstoffversorgung, die sogar neben dem unbenutzten Leckstein auftreten kann, begünstigt Hautveränderungen aller Art.

Mindestens ebenso häufig ist Calcium-Überschuß. Calcium konkurriert im Darm mit Kupfer, Zink und Selen um die Aufnahme in den Körper. Kupfer- und Zinkmangel führen direkt zu Hautproblemen und Scheuern!

Vitaminüberversorgungen mit den *Vitaminen A* und *D* können ebenfalls Schäden verursachen oder begünstigen. Unerkannte Lebererkrankungen beeinflussen den gesamten Stoffwechsel.

Gerade Pferde mit Neigung zu Hautproblemen müssen im Gesundheitszustand regelmäßig kontrolliert und bedarfsgerecht gefüttert werden.

Natürlich kostet auch das Erstellenlassen eines Blutbildes und eine Ernährungsberatung (oder das Lesen eines guten Buches und eigenes Herumrechnen) Zeit und Geld, aber das Verhältnis zwischen Aufwand und Erreichbarem ist hier so gut, dass es sich wirklich lohnt.

Beim Menschen gibt es Theorien, die die Eiweißversorgung des Organismus und die Allergieneigung in Zusammenhang bringen. Zumindest die Erfahrung lehrt, dass dies bei unseren Pferden nicht anders ist. So konnte sich auch das Gerücht mit dem frischen Gras sehr lange halten (siehe oben). Sicher ist ein zu hohes Angebot an Eiweiß schädlich, ein schlechtes Verhältnis zum Rohfasergehalt, wie wir es auf allen Frühjahrskoppeln finden, ist beinahe noch schlimmer.

Ausgewogene, bedarfsgerechte Ernährung ist also wichtig vor allem anderen, was wir tun. Dazu ist es eine verblüffend preiswerte, überraschend erfolgversprechende Maßnahme, Überempfindlichkeiten zu verringern. Bei Sommerekzemern sollte man sich hüten, verschiedene Zusatzfutter und Kräuter wechselnd zu verabreichen.

Kleie vermindert zum Beispiel sehr stark die Aufnahme von Calcium, Kupfer, Zink und Selen. Tägliche Fertigmash-Fütterung verursacht möglicherweise dadurch Mangelerscheinungen, auch wenn sie „gut gemeint" ist.

Prädispositionen durch unzureichende Haltungsbedingungen:

Die ungeschützte Haltung von ekzemanfälligen Pferden auf ungepflegten, feuchten Koppeln verschlimmert das Krankheitsbild drastisch. Zwei gemeinsam gehaltene Pferde mit Sommerekzem bekämpfen den Juckreiz, indem sie sich gegenseitig blutig „pflegen". Hier fordert das eine Pferd durch heftigeres Zubeißen den Partner zu stärkerer Erwiderung auf. Mit nicht Ekzemern klappt das in aller Regel nicht, die gegenseitige Pflege wird von dem, den es nicht „wahnsinnig" juckt, abgebrochen, sobald es schmerzt. Am deutlichsten und schnellsten verschlimmert sich das Krankheitsbild durch Scheuern. Pferden, die von Juckreiz geplagt sind, muss zwar die Gelegenheit zum Scheuern und Wälzen gegeben werden, diese muss allerdings so eingerichtet sein, dass die Pferde sich nicht selber verletzen können. Mehr hierzu im Kapitel über die Vorbeugemaßnahmen für das einzelne Tier.

Versuchen wir die individuellen Voraussetzungen unseres Pferdes, seine Haltung und seine Fütterung zu optimieren. Perfektion ist auch hier leider unerreichbar, aber wir können uns bemühen, die schlimmsten Fehler zu vermeiden.

Vermeiden sollte man außerdem alles, was die Haut von außen empfindlicher macht und Eindecken, Scheren, Ausrasieren des Nackens unterlassen, wo es nicht zwingend notwendig ist.

Im Fellwechsel altes Fell regelmäßig entfernen und die Pferde nicht oder so selten wie möglich mit Seifen zu waschen, gehören meines Erachtens zu den Selbstverständlichkeiten. Putzzeug und Decken müssen gerade beim hautempfindlichen Pferd regelmäßig gereinigt werden, wobei natürlich auch hier darauf zu achten ist, dass keine Reinigungsmittelreste oder Desinfektionsmittelkristalle mit der Pferdehaut in Berührung kommen.

Die gesunde und artgerechte Pferdehaltung mit Wind, Sonne und frischer Luft bei ausreichender Bewegung tun Stoffwechsel und Psyche von sich aus gut, so dass, wer dies seinem Pferd ermöglichen kann ohnehin bessere Bedingungen hat, als derjenige, der auf Box, Dusche und Solarium angewiesen ist.

2. Die anderen Faktoren: Rasse, Alter, Farbe, Geschlecht

Diese Zusammenstellung nennt der Fachmann *Signalement.* Zum einen müssen wir in der Lage sein zu erkennen, welcher Rasse, welchen Alters und welcher Farbe unser Pferd angehört, zum anderen wollen wir wissen, ob das eine Auswirkung auf Anfälligkeit und Schwere der Erkrankung hat.

Zum einen:
Banal denkt der gelangweilte Leser, Rasse, Alter, Farbe, Geschlecht, das sieht man doch. Geschlecht natürlich, ein Blick genügt. Für die anderen drei Dinge gilt im Prinzip schon, aber....

Zur Rasse:
Reinrassige Pferde der Rassen Isländer und Araber gelten allgemein als prädisponiert, wie viel davon wahr ist, sehen wir gleich. Mischlinge können fast aussehen wie ein Fjordpferd, aber die Ekzemveranlagung von dem einen Viertel großmütterlicher, arabischer Herkunft besitzen. Können ein Langhaarproblem von Knabstrupper Elternteilen mitbringen, die mit dem Sommerekzem gar nichts zu tun haben und so weiter. Jedes im Pedigree vertretene Pferd, auch in der vorvorletzten Generation, hat noch einen Einfluss auf das Erbmaterial unseres Lieblings.

2. Die anderen Faktoren

Zum Alter:

Das reinrassige Pferd mit einem Papier, das auch tatsächlich das eigene ist, hat ein definiertes, tatsächliches Alter. Das reinrassige Pferd einer modernen sogenannten Spezialrasse wie Andalusier, Criollo, Knabstrupper oder auch Isländer hat Papiere, die bei etwas genauerem Hinsehen überhaupt nicht zum Pferd passen, vertauscht, absichtlich oder unabsichtlich sei dahingestellt, falsch übersetzt....

Die Möglichkeiten sind vielfältig, jedenfalls ist das Pferd nicht so alt, wie man meint. Das Phänomen tritt natürlich bei klassischen Warmblütern auch auf, nur nicht ganz so häufig. Der Mischling hat ein ziemlich wahrscheinliches Alter (der ist doch in dem Jahr geboren, in dem Tante Minna achtzig geworden ist, oder war's das Jahr davor?). Oft muss man einfach zugeben, dass man es nicht weiß. Der Blick auf die Zähne hilft, ist aber oft auch nicht eindeutig. Einige Ponys wechseln ihre Zähne später als Warmblüter, bei den Trabern ist der Zahnwechsel ebenfalls zeitlich verschoben, und bei Gebissfehlern ist diese Aussage sowieso nicht so eindeutig. Nehmen Sie das „banal" zurück?

Zur Farbe:

Schimmel, Rappen, Braune, Falben und Füchse erkennt wohl jeder. Schwierig wird es bei Schecken, Tigern und Pferden mit Schabracke. Sommerrappen sind auch etwas besonderes. Dann gibt es Falben mit und ohne Aalstrich, mehr gelbe und eher graue, mausgraue und bräunliche. Ach ja, Isabellen natürlich. Viele Rassen bezeichnen „ihre" Farben gleich genauer, oder anders klassifiziert, z.B. bei den Quarters: red roan, blue roan... Die Schecken bei den Paints Tobiano, Overo oder Tovero. Die Isländerzüchter vindott (windfarben), litförott (farbwechsler) oder moldott (erdfarben). Ganz einfach also.

Zum anderen:

Zur Rasse:

Grundsätzlich sind alle Rassen anfällig für Allergien und damit auch für das Sommerekzem. Berichte über das Sommerekzem finden wir natürlich vorwiegend bei Pferden, die Kontakt zu Mücken haben. Isländer zum Beispiel, die uns heute fast als Erste einfallen, hatten nie Sommerekzem, bis sie exportiert wurden. Dies nur deshalb, weil es eben auf Island keine Mücken gibt.

Das Sommerekzem ist in der Literatur aus Queensland und Australien vor allem beim Vollblut beschrieben worden. In den USA beobachtet man das Sommerekzem auch häufig bei Quarter, Paint und Appaloosa. Aus der Schweiz gibt es Berichte über Erkrankungen beim Freiberger. Eine Forschungsgruppe in Bern hat zudem das Sommerekzem beim Araber zum Thema. Hier in Deutschland wird überwiegend aus der Isländerszene berichtet. Letzteres liegt sicher nicht daran, dass andere Rassen hier nicht betroffen sind, sondern eher daran, dass

Das wunderschön gepflegte Langhaar des Isländers ist eine Freude. Foto: Schmelzer

der durchschnittliche Isländerfreund sein Pferd häufiger robust hält, als zum Beispiel die Sportreiter der Dressur- und Springreiterei. Nichtsdestotrotz gibt es einige Fälle von Sommerekzem bei Warmblutrassen.

Insgesamt drängt sich der Eindruck auf, dass in jedem Land über die häufigst gehaltene oder wirtschaftlich bedeutendste Rasse eben am ehesten geforscht und geschrieben wird.

Einige Rassen finden sich in der Literatur gar nicht im Zusammenhang mit dem Sommerekzem, vielleicht weil diese Rassen ohnehin zahlenmäßig gering vertreten sind oder grundsätzlich nicht mit Mücken gemeinsam gehalten werden.

Oder sollte es doch die sommerekzemfreie Rasse geben?

Geht man von einer rezessiv vererbbaren Veranlagung aus, sollte es zumindest ekzemfreie Linien innerhalb einzelner Rassen geben.

Über die Erkrankungshäufigkeit gibt es sehr unterschiedliche Zahlen. Der Isländer ist mit durchschnittlich 18% Anteil ekzemkranker Pferde sicher eine der stärker betroffenen Rassen. Bei Arabern tritt das Ekzem ebenfalls in einem spürbaren Teil der Population auf. Genaue Vergleiche sind uns nicht möglich, da aus den verschiedenen Untersuchungen oft keine genauen Angaben über die Art und Größe der untersuchten Population vorliegt. Auffällig ist aber, dass zum Beispiel bei Friesenfreunden ein viel stärkeres Interesse zu verzeichnen ist, als zum Beispiel bei Freunden des Highlandponys, einer Rasse, in der die Ekzemveranlagung bisher relativ selten auftritt.

Hierzu wird wissenschaftlich diskutiert, ob die allgemeine Allergieneigung mit der Neigung zum Sommerekzem und eventuell mit der Inzuchtdepression zusammenhängt. Erwiesenermaßen erkranken Import-Isländer häufiger, als hier geborene.

Dazu gibt es zum Beispiel Untersuchungen aus Norwegen, wo von 391 untersuchten Pferden insgesamt 17,6% an Sommerekzem erkrankt waren. Die relativen Häufigkeiten der Erkrankung bei in Norwegen geborenen Pferden liegt hier bei 8,2%, die der Importpferde bei 26,9%.

Eine schwedische Umfrage-Studie findet unter 441 Islandpferden bei 6,7% der in Schweden geborenen Pferde und bei 26,2% der Importpferde Sommerekzem. In einer Untersuchung aus Bonn sind insgesamt 14% der Isländer überhaupt anfällig für Sommerekzem, wobei hier den importierten Pferden eine relative Erkrankungshäufigkeit von 24,5% zugeschrieben wird.

Einig sind sich alle: Importierte Isländer erkranken relativ häufiger, als hier geborene. Je nachdem welche Theorie vertreten werden soll, wird das sehr unterschiedlich erklärt. Inzuchtdepression aufgrund der kleinen Populationen auf Island ist nur eine Möglichkeit. Die krasse Ernährungsumstellung, ein Versagen des Säure-/Basen-Haushaltes, Schwierigkeiten durch die Klimaumstellung oder nutzungsbedingt veränderte Stoffwechselsituation sind weitere denkbare Möglichkeiten. Das Auftreten des Sommerekzems bei Importpferden geschieht frühestens im zweiten Sommer nach dem Import, manchmal auch erst Jahre später.

Zum Alter:
In der größten in Deutschland durchgeführten Untersuchung an 1040 im Rheinland gezogenen Islandpferden variiert das Alter, in dem erstmalig Veränderungen auftreten, von einem Jahr bis zu zehn Jahren. In dieser Untersuchung erkrankten insgesamt 18,4% der Pferde.

Bei 83% aller erkrankten Pferde waren die Symptome vor Vollendung des dritten Lebensjahres erstmalig aufgetreten. Bei insgesamt 94% bis zum vollendeten vierten Lebensjahr. Im Fohlenalter tritt das Ekzem nahezu nicht auf.

Aus den Vereinigten Staaten findet sich ein Hinweis, dass Vollblüter, die während der Aufzucht auf der Weide gehalten werden, erkranken und die Erkrankung mit der Aufstallung zum Training, die in der Regel zweijährig erfolgt, zurückgeht.

Die bereits erwähnte Studie aus Norwegen gibt als Durchschnittsalter der Erkrankung 5,3 Jahre, bei Importpferden 4,1 Jahre nach dem Importzeitpunkt an.

Zur Farbe:
Die bereits zitierte Studie von Tierärztin Doktor Marion Unkel an den 1040 Isländern aus dem Rheinland kommt zu dem Schluss, daß die Farbe des Pferdes keinen Einfluss auf die Erkrankungshäufigkeit hat. In den relativen Häufigkeiten meint man eine Häufung bei Schimmeln und Füchsen zu sehen, die Differenzen zwischen den Fellfarben sind jedoch zu gering, um zu einem statistisch signifikanten Unterschied zu führen und müssen als zufällig angesehen werden.

Die Farbe hat keinen Einfluss auf die Erkrankungshäufigkeit.

Die Studie ist damit in kompetenter Gesellschaft, denn auch Untersuchungen von Rieck (1953), Janshen (1959), McCaig (1975) und Larsen (1991) messen der Farbe des Pferdes keine Bedeutung bei. Japanische Studien von 1956 und 1957 vertreten die Auffassung, Braune und Rappen würden vermehrt gestochen. Da Braune und Rappen aber in den untersuchten Populationen auch häufiger auftreten, kann es hier zu einer Fehlinterpretation gekommen sein. Becker hat in einer 1964 an Importpferden durchgeführten Umfrageuntersuchung ebenfalls eine Häufung bei braunen Isländern gefunden. Diese Umfrage im deutschen Ponyclub kam im Übrigen auch zu dem Ergebnis, Sommerekzem trete ausschließlich bei importierten Pferden auf. Erst 1974 wurde dies durch eine Untersuchung der Islandpferdezüchter- und Besitzervereinigung widerlegt.

2. Die anderen Faktoren

Wie es um das Farbensehen der Mücken bestellt ist und ob diese zwischen verschiedenen Brauntönen einen Unterschied ausmachen könnten, ist bisher nicht erforscht. Bei Bienen gibt es umfangreiche Forschungen über das Farbensehen, welches sich von unserem erheblich unterscheidet. Möglich wäre zum Beispiel auch, dass unsere Mücken unterschiedliche Wärmeabstrahlungen sehen und deshalb an bestimmten Stellen lieber zustechen.

Unter den Pferdefreunden ist relativ bekannt, dass Füchse und Schimmel hautempfindlicher sind als zum Beispiel Braune. Wir sehen dies bei Einreibungen, scheuerndem Lederzeug, neuen Gebissen oder zum Beipiel Fliegenlotionen. Möglicherweise führt diese Beobachtung dazu, dass Füchse stärker unter dem Ekzem leiden, wenngleich sie nicht häufiger betroffen sind.

In jedem Fall ist die generelle Empfindlichkeit individuell verschieden, auch innerhalb der einzelnen Farben.

Zum Geschlecht:
Hier sind sich nahezu alle einig: Einen Einfluss des Geschlechts auf das Auftreten des Sommerekzems gibt es nicht. Interessant wäre zu wissen, ob eine frühe Kastration gegenüber dem Kastrieren eines möglicherweise bereits erkrankten dreijährigen Vorteile bringt. Ob Einflüsse während eines bestimmten Alters sich stärker auswirken als zu anderen Zeiten. Theorien gehen dahin, Isländer erst sechsjährig - „nach der Pubertät" - zu importieren, wenn das Wachstum nahezu abgeschlossen ist, und nicht in der stoffwechselaktiveren Wachstumsphase.

Spannend ist auch, dass Hengst und Stute ihre eigene Erkrankung unterschiedlich stark an das Fohlen weitergeben. Der mütterliche Einfluss ist hier größer. Ob dies ein genetischer Einfluss ist, ist bisher weder abschließend geklärt, noch wahrscheinlich.

Auch beim Arabischen Vollblut kommt das Sommerekzem vor. Foto: Schmelzer

3. Zeitliches und geografisches Auftreten des Sommerekzems

Wir wissen schon, das Sommerekzem tritt weltweit außer auf Island auf. Es tritt nur dort in Erscheinung, wo Pferde und Mücken gemeinsam vorkommen, und wir treffen es in unseren Breiten ausschließlich von April bis Oktober an.

Diese allgemeinen Aussagen lassen sich aber noch erheblich präzisieren und deutlich erschüttern.

In bestimmten Höhenlagen tritt das Sommerekzem eher, in anderen gar nicht auf. In Küstenregionen kommt es nahezu nicht vor. In einigen Jahren scheint es nur im Mai und im September aufzutreten, dann wieder scheuern die Pferde sich sieben Monate durchgehend. Dazu kommt, dass je nach klimatischen Bedingungen das Sommerekzem bei einem sommerekzemkranken Pferd in unterschiedlichen Jahren auf ein und derselben Weide unterschiedlich heftig auftreten kann.

Dies liegt zum einen an den Lebensumständen der Mücke, zum anderen an den inneren und äußeren Gegebenheiten für unser Pferd.

Aus der Sicht der Mücke:

Warme bis heiße Sommer mit regelmäßigem Regen oder abendlichen Gewittern bieten die idealen Lebens- und

Vermehrungsbedingungen. Wenn es dazu windstill ist oder nur ein leichtes Lüftchen weht, sind das ideale Bedingungen. Dort wo der Grundwasserspiegel dicht unter der Erdoberfläche liegt und damit feuchte Brutplätze häufiger sind, fühlt die Mücke sich wohl. Hat sie so ein traumhaftes Gelände zur Verfügung, wird sie sich heftig vermehren, unsere Pferde stark piesacken und ihren Standort kaum wechseln. Zum Glück haben wir nicht so viele solcher Weiden und die Mücke muss sich ihrer Umwelt anpassen.

Wird der Sommer trocken, gibt es häufig von Mai bis September keine Möglichkeit zur Eiablage, und so leben die Pferde nahezu unbehelligt. Mit einsetzendem Herbstregen schlüpfen dann aus den im Frühjahr gelegten Eiern neue Mücken, und es kommt plötzlich nach einem wunderbaren Sommer zum erneuten Aufflammen der Erkrankung. Eier und Puppenstadien können Trockenheit eine ganze Weile überdauern, die weitere Entwicklung bleibt in dieser Zeit aber aus.

Ist der Sommer sehr nass, findet die Mücke ebenfalls keine guten Lebensbedingungen. Sie ernährt sich ja hauptsächlich von Blütensäften - nur die tragenden Weibchen benötigen Blut - und schlechte Sommer für Blütenpflanzen sind ebenso schlecht für die Mücke. Frost verträgt die Mücke überhaupt nicht, und so verschwindet die Plage in Jahren mit früh einsetzenden Nachtfrösten eher.

Weiden in Küstenregionen werden von den Mücken vor allem wegen des Windes gemieden. Auf Bergweiden über 500 Meter über dem Meeresspiegel kommt das Sommerekzem deutlich seltener vor als im Durchschnitt. Im Gegensatz hierzu tritt es in Höhenlagen unter 100 Meter über dem Meeresspiegel häufiger auf als im Durchschnitt. Beides erklärt sich nur zum Teil aus den Vorlieben der Mücke.

Aus der Sicht des Pferdes:

In trockenen, sehr heißen Sommern verdorren gewöhnlich unsere Weiden und machen das Nahrungsangebot kärger. Für Sommerekzempferde ist in aller Regel diese karge, eiweißreduzierte Ernährung sehr gut.

Gute Weidejahre dagegen mit reichlich Gras und vielen blühenden Kräutern schaffen leicht eine Eiweißüberversorgung und erhöhen die Anfälligkeit für allergische Reaktionen. Ähnlich muss man die geringere Empfindlichkeit in Bergregionen und an der Küste interpretieren; von der Pferdeseite her ist hier ebenfalls durch die Zusammensetzung der Nahrung eine geringere Disposition zu erwarten als auf saftigen Weiden im flachen Binnenland.

Die Allergiebereitschaft eines Pferdes ändert sich im Laufe seines Lebens, ähnlich wie es sich mit Allergien beim Menschen verhält. Einige Pferde bekommen überraschend nach fünf oder mehr Jahren auf ein und derselben Weide bei gleichbleibender Fütterung in einem Jahr Sommerekzem. Ebenso gibt es - leider selten - Berichte, dass das Sommerekzem

3. Zeitliches und geografisches Auftreten

Für den Ausbruch des Ekzems wäre es jetzt im Juni schon etwas spät. Foto: Schmelzer

nach einigen Jahren wieder verschwindet. Sommerekzempferde sind zum Teil auch stauballergisch oder entwickeln mit der Zeit zusätzliche andere Allergien.

Je pferdegerechter und mückenunfreundlicher eine Region sich darstellt, umso seltener tritt ein Sommerekzem auf. Wichtig ist das zum Beispiel für denjenigen, der ein Pferd erwerben will. Ein sommerekzemkrankes Pferd hat an der Nordseeküste möglicherweise kein Ekzem. Der Besitzer kann in dieser Region auch nicht beurteilen, ob es sich um einen Ekzemer handelt und von daher keine Garantien geben. Trägt so ein Pferd die Neigung zur Ausprägung des Sommerekzems in sich, zeigt sich das erst, wenn es gekauft, transportiert und umgeweidet ist. Häufig erst nach einem Jahr.

Zur geografischen Verbreitung:
Es heißt, das Sommerekzem tritt weltweit außer auf Island auf. Berichte von den Shetlandinseln gibt es ebenfalls nicht,

Die Folgen des Scheuerns im letzten Sommer: Treppenbildung in der Mähne. Foto: Schmelzer

wenngleich bei auf dem Festland gehaltenen Shettys das Ekzem durchaus auftritt.

Weltweit wird seit mehr als hundertundfünfzig Jahren von dieser Erkrankung berichtet. Außer bei uns in Deutschland, wo das Sommerekzem erst seit 1956 durch den Import von Islandpferden zum Thema von allgemeinem Interesse wurde (aus der Zeit des Ackerbaus mit Kaltblütern gibt es auch einzelne Berichte), wird aus Australien, Dänemark, England, Frankreich, Holland, Hongkong, Indien, Irland, Israel, Italien, Norwegen, Kanada, Japan, Polen, Queensland, USA und der Schweiz vom Auftreten einer derartigen Erkrankung berichtet. Vom afrikanischen Kontinent habe ich keine Literaturhinweise gefunden. Da aber sowohl Mücken wie auch Pferde vorkommen, ist ein Auftreten wahrscheinlich. Eine Empfänglichkeit für arabische Pferde ist beschrieben.

Über die Krankheitsursache ist man sich weltweit einig: Es muß eine Überempfindlichkeitsreaktion/Allergie auf den Speichel von Mücken sein. Welche

Mückenarten verantwortlich gemacht werden, differiert natürlich von Land zu Land und Kontinent zu Kontinent. Schon bei Untersuchungen in Norddeutschland werden allein sechs verschiedene *Culicoides Arten* als potentielle Auslöser genannt (*c. punctatus, c. obsoletus, c. pulicaris, c. stigma, c. nubeculosus, c. impunctatus, c. vexans*). Andere Länder, andere Mücken. Aus Japan zum Beispiel gibt es Berichte über Mückenarten, die bei uns gar nicht heimisch sind (*c. nipponese*). In Hertfortshire, England, sind zum Teil andere Culicoides Arten gefunden worden als bei uns (*c. riethri, c. nubeculosus*). In einigen Arten gibt es Übereinstimmungen (c. *pulicaris c. vexans c. obsoletus*). In USA sind ebenfalls Berichte über *Culicoides spp.* im Vordergrund (*c. alachu, c. edeni, c. insignis, c. lahillei, c. niger, c. pusillus, c. scanloni, c. stellifer* und *c. venustus*).

Krankheitsverlauf und Symptome werden weltweit sehr ähnlich beschrieben. Das zeitlich zum Teil unterschiedliche Auftreten hängt mit den unterschiedlichen Breiten und Klimadaten zusammen.

Aus England gibt es Berichte einer ähnlichen Erkrankung, die in frostfreien Monaten in geschlossenen Stallungen auftritt. Für dieses Phänomen wird eine in Ställen lebende Stechfliege verantwortlich gemacht. Krankheitsverlauf und Symptome sind hier ebenfalls sehr ähnlich.

Die Erkrankungsrate, die uns in der Literatur angegeben ist, schwankt zwischen 2% in England und 32% in Australien. Derartige Schwankungen können im unterschiedlichen Klima ihre Begründung haben. Möglicherweise auch in tatsächlich unterschiedlich starkem Vorhandensein einer erblichen Veranlagung in den untersuchten Pferdepopulationen. Eventuell ist dieser Unterschied auch nur ein scheinbarer, der sich durch die Auswertung der Statistiken einschleicht. Natürlich macht es einen Unterschied, ob man die Erkrankungshäufigkeit in Relation zur gesamten Pferdepopulation oder in Relation zur Anzahl der Weidepferde setzt.

Beispiel: Ein Bestand von 100 Pferden, von denen 20 auf Weide und 80 im Stall gehalten werden. Vier erkrankte Pferde sind 4% der Gesamtpopulation aber 20% der Weidepferde. Bei vielen Untersuchungen liegen uns keine Angaben über Größe und Art der untersuchten Population vor, von daher sind vergleichende Aussagen immer unmöglich.

Wer interessiert ist an Berichten aus anderen Regionen muss wissen, dass diese Erkrankung in der internationalen Literatur natürlich noch andere Bezeichnungen hat. Unser Sommerekzem heißt in englischsprachiger Literatur *sweet itch*, wörtlich übersetzt süßes Jucken, in Qeensland *queensland itch*, in französischer Literatur *ardeurs*, in Japan *Kasen* und in Schweden *Sommaeksem.*

4. Symptome und resultierende Veränderungen

Die Krankheitssymptome treten vor allem an Mähnenkamm, Schweifrübe, Kruppe, Widerrist, Schopf und unter dem Bauch an der sogenannten Bauchnaht auf. Zunächst sieht man nur Erhebungen unter der Haut im Durchmesser von Stecknadelkopf bis maximal drei Zentimeter klein. In diesem ersten Stadium hat man nur diese sogenannten Papeln, die zum Teil auch an der Schulter und auf der Rückenlinie auftreten. Dieses Stadium geht schnell vorbei und die Kardinalsymptome Juckreiz und starke Unruhe beginnen. Der Juckreiz betrifft nun „nur" noch die oben erwähnten Prädilektionsstellen. Diese Stellen sind genau die Körperpartien, die die Mücke auf der Suche nach Blut anfliegt.

Die Mücke sticht bevorzugt an Stellen, an denen die Haare senkrecht stehen, nicht jedoch an den Wirbeln in den Flanken, vermutlich wegen der hier funktionierenden Abwehr mit dem schlagenden Schweif. Heftiges Schweifschlagen, mit den Hinterbeinen unter den Bauch treten, zu einem kurzen Galopp losstürzen und Scheuern sind dann auch die Reaktionen des Pferdes, die wir beobachten müssen. Alles Versuche sich den Auslöser, die Mücke, vom Leibe zu halten.

Dieser verfluchte Juckreiz! Foto: Struewer

Alle weiteren Veränderungen des Sommerekzemkomplexes entstehen durch das Scheuern. An den gescheuerten Stellen wird die Haut stark zerstört. Die Haare fallen aus und mit der Zeit wird die Haut durch die permanente Reizung immer dicker. Der Fachmann spricht von *Pachydermie*. Am Widerrrist und am Mähnenkamm legt sich diese geplagte Haut in dicke, wulstige Falten. Zwischen diesen Falten entstehen luftabgeschlossene, eingequetschte Bereiche, an denen die Haut anfangen kann zu nässen und einen unangenehmen Geruch zu entwickeln. Diese Stellen sehen ähnlich aus wie befallene Bezirke bei echter Räude, wo Milben in der Haut hausen, oder bei dem häufig als Sommerräude bezeichneten Bild, bei dem Mikrofilarien, Entwicklungsstufen von Würmern, in der Haut leben.

Diese wundgescheuerte Haut ist natürlich empfänglich für zahlreiche andere Plagen. Zu diesen zählen viele Bakterien und auch Hautpilze. Eitererreger wie Staphylokokkenbakterien beteiligen sich gerne und machen aus der Scheuerstelle eine echte *Pyodermie*, also eine im Prinzip eigenständige Hautentzündung. Zum Teil entstehen geschwürähnliche Veränderungen. Im Versuch, verschiedene Stadien der Erkrankung zu definieren gibt es so fünf Stadien:

Hier sehen wir Ekzemveränderungen am Hals und am Kopf. Foto: Schmelzer

1. Das Vorläufer- oder Prodromalstadium

2. Das erste oder papulöse Stadium

3. Das aufgescheuerte oder Exkoriationsstadium

4. Das sekundär infizierte oder ulcerierende Stadium

und zum Glück

5. Das Heilungs- oder Regenerationsstadium

Betroffene Pferde werden durch das Scheuern an den befallenden Stellen oft ganz kahl, zum Teil wund und werden von offenen, nässenden Stellen geplagt. Das Mähnenhaar wird häufig vollständig abgescheuert, am Schopf bleibt ein wenig dünnes Langhaar stehen. Der Schweif wird an der Rübe kahlgescheuert und dann passenderweise als Rattenschweif bezeichnet. Auch bei Pferden, die nicht so extrem erkranken, ist das Langhaar glanzlos, dünn und brüchig.

Eine Abart des Sommerekzems ist als „Kurzhaartyp" bezeichnet worden. Hier scheuern sich die Pferde an Schultern und Rückenpartie und gar nicht im Bereich des Langhaars. Dieses Phänomen wird erklärt mit einer anderen auslösenden Mücke, die eben bevorzugt in andere Körperpartien beißt (*c. nubeculosus*).

Nachdem die Plage aufhört, entweder im Herbst oder beim Aufstallen der Pferde, dauert die Abheilung der Wunden vier bis acht Wochen. Auch gelegentliches Scheuern kommt noch vor.

Letzteres lässt sich wohl damit erklären, dass bei den Pferden wie bei uns auch von heilenden Wunden ein gewisser Juckreiz ausgeht.

Da es sich um ein allergisches Geschehen handelt, muss man davon ausgehen, dass schon ein einzelner oder zumindest wenige Stiche genügen,um uns das Vollbild des Sommerekzems zu bescheren. Guter Schutz des Pferdes darf also keine Lücken haben.

Schon ein ungeschützter abendlicher Ausritt kann die Kaskade des Sommerekzems in Gang setzen.

Mit der Kenntnis dieses Verlaufs wird uns die Problematik der Behandlung schon deutlich. In den Stadien eins und zwei genügt es im Prinzip, die Mücken fernzuhalten beziehungsweise die Pferde durch Auftragen bestimmter Salben oder Lotionen oder durch Beifüttern bestimmter Stoffe den Mücken unappetitlich erscheinen zu lassen. Dass dies allein schon reichlich kompliziert sein kann, ist bekannt. Wie es uns trotzdem gelingen kann, beschreiben die Behandlungsmöglichkeiten in Kapitel sieben.

Im Stadium drei müssen wir zusätzlich unbedingt den furchtbaren Juckreiz verhindern, die Wundheilung förden und der Sekundärinfektion vorbeugen. Aus pharmakokinetischen Überlegungen am besten mit nur einem Medikament.

Im vierten Stadium muss zudem noch die Infektion bekämpft werden. Entspannung entsteht erst im fünften Stadium, wo im Prinzip nur noch eine regelmäßige Wundpflege vonnöten ist. Behandlungen im Einzelnen wollen wir erst in Kapitel sieben besprechen.

Bereits im Vorwort ist auf die Möglichkeit der Biopsie zur Diagnosesicherung angesprochen worden. Dankenswerterweise sind mir von dem Veterinärpathologen Doktor Hans Benno Nothelfer, Bad Waldsee, Fotos zur Verfügung gestellt worden, die die während des Sommerekzems in der Haut tatsächlich ablaufenden Reaktionen wunderbar darstellen. In der Gegenüberstellung zur gesunden Haut finden wir hier erhebliche und charakteristische Veränderungen.

Ein kurzer Einblick in den Aufbau der gesunden Haut:

Die Oberhaut (*Epidermis*) besteht aus einer mehr oder weniger dicken Schicht verhornender Zellen, die von unten nach oben nachgeschoben werden. Am Grund der Epidermis befinden sich Schichten lebender Zellen, die sozusagen permanent für Nachschub sorgen.

Unterhalb der Epidermis beginnt die Lederhaut (*Dermis*). Diese besteht wieder aus mehreren Schichten mit kollagenen und elastischen Fasern. Hier gibt es Blutgefäße, Gewebszellen, Zellen der

Immunabwehr und Pigmentzellen. In dieser Schicht finden wir auch die Haarwurzeln.

Noch weiter darunter befindet sich schließlich die Unterhaut (*Subkutis*) aus Bindegewebe und Fett.

In der durch Sommerekzem veränderten Haut sehen wir eine starke Flüssigkeitsansammlung (*Oedem*) unter der Epidermis und sehr viele eosinophile Granulozyten. Diese Zellen gehören zu den weißen Blutkörperchen und haben ihren Namen vom Farbstoff Eosin, mit dem sich die in ihnen erhaltenen Körnchen (*Granula*) im Präparat leuchtend rot einfärben lassen. Sie finden sich überall dort ein, wo allergische Reaktionen und Reaktionen auf Parasiten vorkommen. Normalerweise stellen sie einen sehr kleinen Anteil der im Blut herumschwimmmenden Zellen, aber sie können bei Bedarf aus ihren Speichern recht schnell mobilisiert werden. Vor allem bei Überempfindlichkeitsreaktionen finden wir sie regelmäßig.

Auch Mastzellen, Makrophagen und Langerhanszellen finden wir in der veränderten Haut vermehrt. Die wichtigste Aufgabe dieser verschiedenen hier auftretenden Zellen ist die *Phagozytose*, das Auffressen von fremdem oder verändertem Material. Dazu enthalten einige *Histamin*, einen Stoff, der bei der Entstehung von Allergien eine zentrale Bedeutung hat.

Die veränderte Haut zeigt dazu zum Teil noch stärkere Pigmentation, wucherndes Wachstum von Hautzellen, Verhornungsstörungen und Haarbälge, die nicht mehr aktiv sind. Diese Beschreibungen verstehen sich leichter bei Betrachtung der Fotos und ihrer Legenden.

Damit ganz deutlich wird, welche ähnlichen Erkrankungen beziehungsweise Erkrankungen mit ähnlichen Symptomen vorkommen, im Folgenden ein kleiner Überblick:

Sommerräude oder Sommerbluten: Bereits mehrfach angesprochen ist diese Erkrankung vor allem deshalb abzugrenzen, weil in Berichten und halbwissenschaftlichen Veröffentlichungen die Begriffe Sommerekzem und Sommerräude oft fälschlich synonym gebraucht werden.

Der Begriff Sommerräude ist ohnehin irreführend, da Räude normalerweise eine von Milben verursachte Erkrankung bezeichnen soll. Hier handelt es sich um ein Krankheitsbild, bei dem die Hautveränderungen an ähnlichen Stellen wie beim Sommerekzem auftreten. Betroffen ist hier allerdings meist zudem die Rücken- und Schulterpartie. Das Langhaar wird weniger gescheuert. Ursache ist ein Wurm aus der Klasse der *Nematoden*, der Rundwürmer. Genauer ein *Parafilarium*. Dieser Wurm lebt im Unterhautbindegewebe und legt seine Eier in die Haut des Pferdes. Es kommt zu Blutungen in der Haut und schließlich zum Durchtritt von Blut auf die Hautoberfläche. Im austretenden Blut und

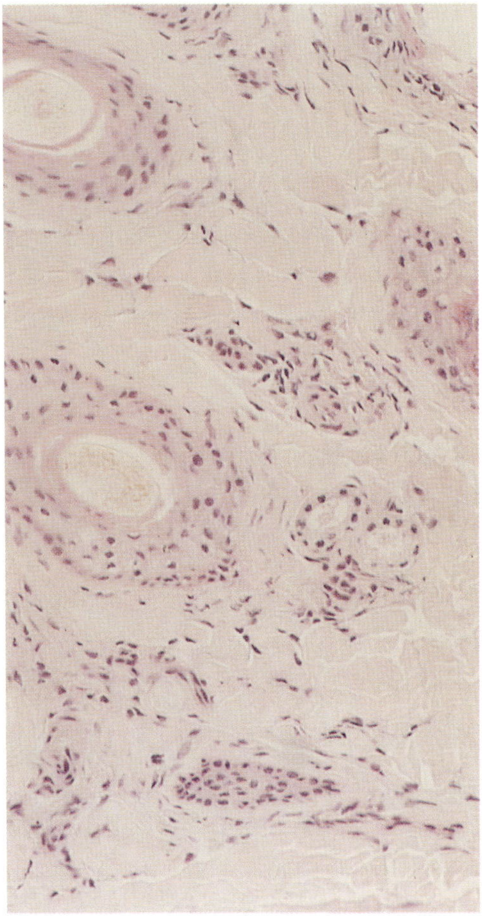

So sollte behaarte Haut im Gewebeschnitt aussehen.
Foto: Nothelfer

in Biopsieproben kann der Erreger selbst nachgewiesen werden. Bei uns tritt diese Krankheit nicht oder nur vereinzelt auf. In Frankreich und Japan ist sie häufiger.

Echte Räude:

Diese Erkrankung wird von Milben hervorgerufen, die in der Haut leben. Bei den Pferden kommen drei Arten von Milben vor. Die Psoroptesmilbe, die Chorioptesmilbe und die Sarkoptesmilbe. Alle Milben sind Spinnentiere (achtbeinig!) und damit für sämtliche Insektizide (Gifte gegen sechsbeinige Plagegeister) unempfindlich. Alle drei Milbenarten sind bei Verdacht in Bioptaten nachweisbar.

Hierfür genügt leider selten nur eine Probe. Bei sechs bis acht etwa fünf Millimeter betragenden Proben, die unter lokaler Betäubung und streßfrei (Milben können sich „verstecken" wenn Streßhormone sie warnen!) entnommen werden, sind Beweise möglich.

Die Chorioptesmilbe verursacht die sogenannte Fußräude. Sie tritt vor allem in den Wintermonaten und häufiger bei Pferden mit langem Behang (Kaltblüter, Friesen) auf. Schlechte Pflege kann die Erkrankung stark begünstigen. Hier entsteht starker Juckreiz an den Füßen und Beinen, der sich über den ganzen Körper ausbreiten kann. Die Haut ist schuppig

Veränderungen in der Haut eines Sommerekzems: Entzündete Haarbälge, Ansammlung von Entzündungszellen, Strukturverlust, Verdickung und Oedem.
Foto: Nothelfer

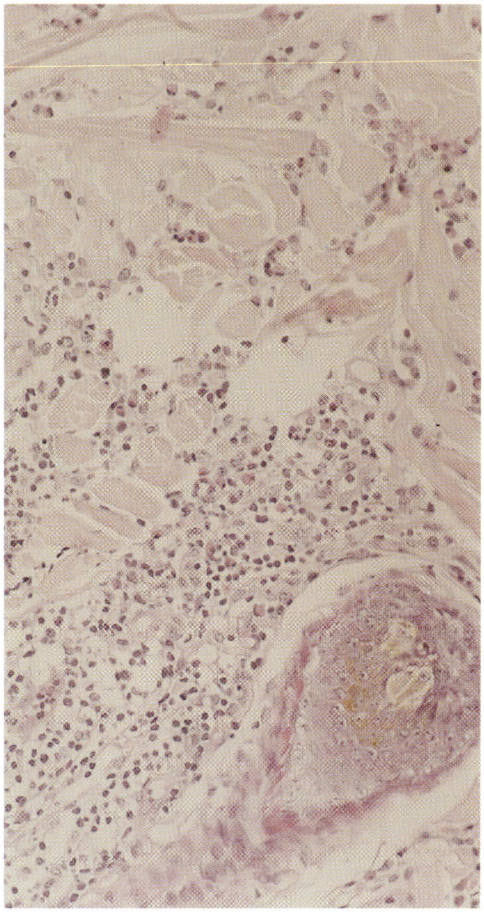

verändert und neigt zum Nässen und zur Krustenbildung. Die Haare fallen aus. Häufig geht die Erkrankung im Sommer zurück, um dann im nächsten Winter wieder aufzutreten.

Die Sarkoptesmilbe bevorzugt kurz behaarte Hautstellen. Die ebenfalls stark juckende Erkrankung beginnt am Kopf und kann sich innerhalb von vier bis sechs Wochen auf den gesamten Körper ausbreiten. Die Pferdebeine werden in der Regel nicht befallen. Es bilden sich Schuppen, Krusten und Borken. Im weiteren Verlauf fallen die Haare aus. Die Psoroptesmilbe befällt Schopf und Genickgegend, Widerrist und Schweifansatz. Sie ist also aufgrund der Lokalisation der Veränderungen am ehesten mit dem Sommerekzem zu verwechseln. Sie kann auch zusammen mit der Sarkoptesmilbe auftreten und so schlecht zu differenzierende Hauterkrankungen auslösen. Die Haut wird schuppig, faltig und neigt natürlich wie beim Sommerekzem zu Sekundärinfektionen aller Art. Die Unterscheidung ist daher schwierig! Häufig gibt die genaue Hinweise – wenn das Ekzem bereits im März beginnt oder sich im mückenfreuen Winter außergewöhnlich lange hält. Eine Behandlung mit Akariziden (gegen Achtbeiner) kann sinnvoll sein.

4. Symptome und resultierende Veränderungen

Sommerwunden:
Hier handelt es sich um Knötchen, die vor allem an den Beinen und in den Fesselbeugen entstehen. Verursacher ist *Habronema*, wieder ein Rundwurm. Er benötigt kleine Verletzungen und Wunden um in die Haut einzudringen und seine Larven dort zur weiteren Entwicklung zu deponieren. Habronemalarven verursachen starken Juckreiz und schlecht heilende Wunden mit graugelben Knötchen. Die Larven gehen nach einiger Zeit zugrunde, so dass die Erkrankung im Herbst gewöhnlich abheilt.

Onchocercariose:
Onchocerca ist ebenfalls ein Rundwurm, der über den Zwischenwirt Culicoides nubeculosus durch Stich auf die Pferde übertragen wird. *C. nubeculosus* ist auch für den Kurzhaartyp des Sommerekzems bereits diskutiert worden und hier ist eine Abgrenzung schwierig. Da diese Mücke für sich alleine oder als Zwischenwirt mit Onchocerca im Speichel natürlich immer die gleichen Stellen am Pferd bevorzugt, finden wir hier genauso wie beim Kurzhaartyp des Sommerekzems an den Seiten und beiderseits der Rückenpartie des Pferdes, aber nicht am Langhaar, betroffene Bezirke. Die Mikrofilarien verursachen in der Haut Juckreiz und dringen im Pferd bis an das Nackenband und in die Sehnenscheiden der Beugesehnen vor. Hier verursachen sie zum Teil erhebliche Veränderungen. Knötchenbildungen in den Gleichbeinbändern sowie Schwellungen und Veränderungen von Sehnengewebe können so verursacht werden. Die Mikrofilarien von Onchocerca dringen auch ins Kammerwasser des Pferdeauges ein, dass sie hier krank machende Bedeutung erlangen, wird überwiegend verneint.

Grint:
Der Mähne- und Schweifgrint ist eine Erkrankung, die nahezu ausschließlich bei sehr schlecht gepflegten Pferden unter schlechten hygienischen Bedingungen entsteht. Es ist die fast freundliche Bezeichnung für ein chronisches Ekzem aufgrund von Dreck. Mähnen und Schweifhaare verkleben miteinander zu filzig, krustigen Gebilden, dem sogenannten Weichselzopf.

Sommerakne:
Keine eigentliche Erkrankung. An warmen Tagen entstehen unter Geschirr, Sattel oder Gurt durch Schweiß, Reibung und Schmutzpartikelchen winzige Wunden, die Eitererregern eine Heimat bieten. Pickel und Schwellungen sind die Folge.

Hautpilzinfektionen:
Häufig auf vorgeschädigter Haut, bei geschorenen Pferden oder im Fellwechsel vorkommende, ansteckende Hauterkrankungen. Verursacher sind Hautpilze. Zum Teil sind diese Pilze auch für den Menschen pathogen (krank machend). Zunächst fallen einzelne, meist kreisrunde, haarlose Stellen auf. Die Haare am Rand dieser Veränderungen und an neu

befallenen Stellen lassen sich leicht ausziehen. Häufig findet man Stellen am Kopf und dann übertragen durch Scheuern am gleichseitigen Vorderbein innen. Die Diagnosestellung erfolgt bei Verdacht durch mykologische Untersuchung von Haut und Haarproben.

Dermatophilose:
Auch eine Hauterkrankung, die überwiegend im Sommer auftritt. Von allen bisher besprochenen unterscheidet sie sich dadurch, dass hier kein Juckreiz auftritt. Es finden sich zunächst Quaddeln unterschiedlicher Größe und kleine Knötchen in verschiedenen Lokalisationen am Pferd. Über diesen veränderten Stellen lassen sich die Haare leicht ausziehen. Es entstehen Krusten, die sich nach drei bis sechs Wochen ablösen und an der Unterseite eitriges Sekret besitzen. Die Haare in diesen Krusten haben eine Form ähnlich einem Pinsel. Haarlose Stellen bleiben nach, auf denen üblicherweise das Haar normal nachwächst. Erreger ist *Dermatophilus congolensis*. Bis 1976 an einem deutschen Pferd der Befall nachgewiesen wurde, meinte man, dass diese Erkrankung auf Tropen und Subtropen beschränkt sei. Inzwischen weiß man, dass bei etwa 12% der eingesandten Proben von Hautveränderungen beim Pferd Dermatophilus beteiligt ist. Häufig wird dies mit einer normalen Hautpilzinfektion verwechselt und dadurch nicht wirkungsvoll behandelt. Dermatophilus ist ansteckend auf Menschen und auf andere Tiere. Er kann nicht in gesunde, trockene Haut eindringen. Kleinste Verletzungen oder im Dauerregen aufgeweichte Haut schafft ihm gute Bedingungen.

Endoparasiten:
Alle im Pferd vorkommenden Darmparasiten können zu Juckreiz an der Schweifrübe führen. Besonders hervorzuheben ist vielleicht *Oxiuris equi*, der Pfriemenschwanz. Er lebt im Darm des Pferdes und legt seine Eier beiderseits des Darmausgangs als Schnüre sichtbar auf der Haut ab. Starker Juckreiz der Schweifrübe ist häufig Ausdruck von Wurmbefall. Hier hilft nur eine gute Weidehygiene und das regelmäßige Entwurmen mit dafür zugelassenen Arzneimitteln. Hausmittel helfen in der Regel nicht und haben häufig erhebliche Nebenwirkungen auf den Pferdeorganismus.

Flöhe, Läuse und Haarlinge:
Der Befall mit diesen Ektoparasiten führt oft zu erheblichem Juckreiz und deutlichen lokalen Veränderungen am Langhaar. Die Diagnose ist relativ leicht, da die Erreger und ihre Spuren häufig mit dem bloßen Auge erkennbar sind. Ektoparasiten sind ansteckend und kommen entgegen den einschlägigen Behauptungen auch bei guter Hygiene zeitweise vor. Besonders bei sehr jungen (Fohlenfell) oder recht alten (verzögerter Fellwechsel) Pferden kommt ein Befall vor allem während der Fellwechselzeiten in Frage.

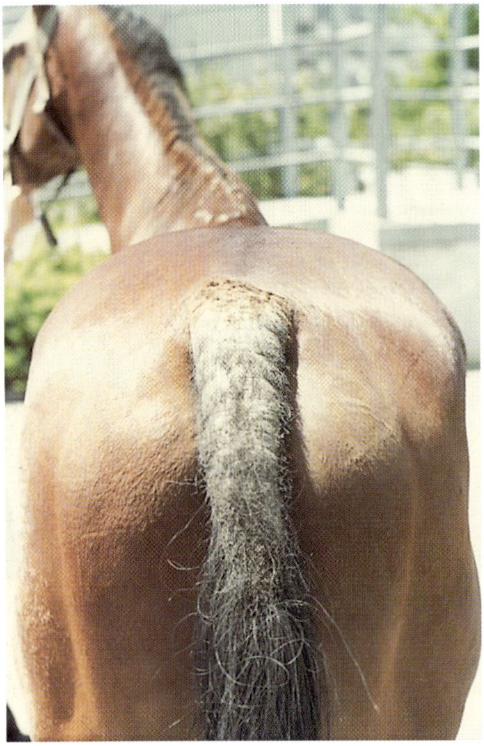

Das ist der sogenannte Rattenschweif.
Foto: Nutztierklinik, Bern

Streifensommerekzem:
Diese Bezeichnung wird für eine Erkrankung verwandt, die ausschließlich im Sommer an definierten Stellen am Pferdekopf auftritt. *Gastrophilus inermis*, eine Magenfliege, ist hier der Übeltäter. Sie legt ihre Eier an den Seitenflächen des Kopfes über den Kaumuskeln an den Haargrund. Aus den Eiern schlüpfen Larven, die sich am Maulwinkel in die Haut bohren. Unter der Epidermis kriechen nun diese Larven entlang und saugen dabei Blut. Durch mechanische Reizung und Stoffwechselprodukte der Larve, die im Pferd giftig wirken, entsteht eine Entzündung, in deren Folge über den Kriechgängen die Haut haarlose Streifen bekommt. Die gut entwickelte Larve bohrt sich bis in den Schlundkopf, häutet sich zur Larve II und lässt sich abschlucken. Im Pferdemagen häutet sie sich und es entsteht nach 6 bis 8 Wochen die Larve III. Die Larve lässt sich meist im Rektum

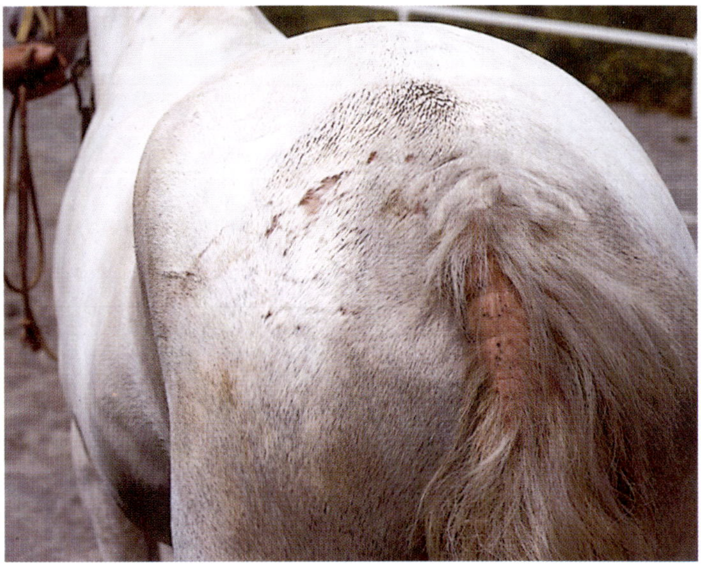

Wundgescheuerte Schweifrübe und Kruppe.
Foto: Nutztierklinik, Bern

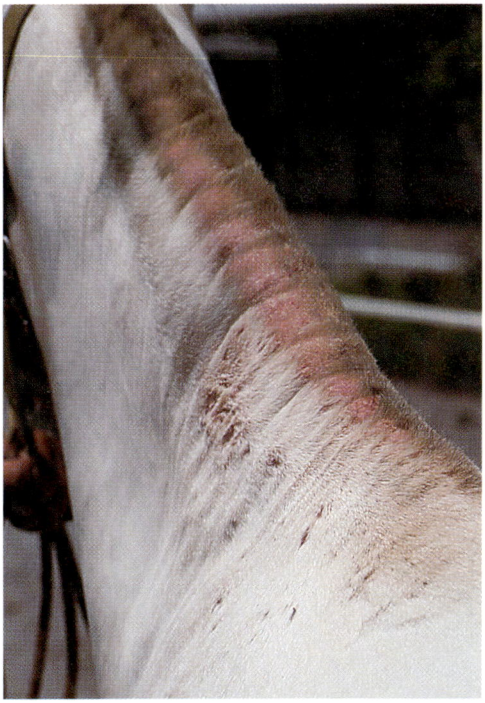

Und so sehen Veränderungen „darunter" aus. Deutlich sind Entzündungen und Verdickungen der Haut zu erkennen. Die Faltenbildung ist eine typische Folge der Hautverdickung.

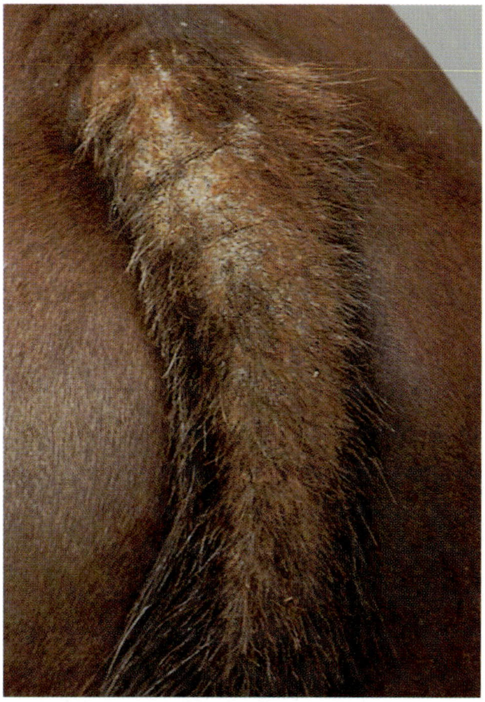

Auch an der Schweifrübe gibt es Faltenbildung. Foto links und oben: Klinik für Nutztiere, Bern

nieder. Die für uns sichtbaren Streifen verschwinden im Herbst, nachdem die Larve die äußere Haut verlassen hat. Die im Pferd lebenden Larven III werden hoffentlich zwischen Oktober und Dezember von magenfliegenwirksamer Wurmkur getroffen, getötet und dann ausgeschieden. Geschieht dies nicht, sind sie in der Lage, von chronischen Magendarmentzündungen über Anämien zu Abmagerung und Tod alle Krankheitsbilder hervorzurufen. Mehr als 200 Larven verträgt ein gesunder Organismus in der Regel nicht (In schweren Fällen kommen bis zu 1000 Magenfliegen-Larven in einem einzelnen Pferd vor).

Hypovitaminose/ Mineralstoffmangel:

Bei einem in der Winterfütterung leicht möglichen Mangel an einzelnen Vitaminen, Kupfer oder Zink kann es geschehen, dass der Pferdeorganismus in der sehr stoffwechselaktiven Zeit des Haarwechsels in eine negative Stoffwechselbilanz kommt. Vitaminmangel äußert sich häufig zunächst in Schuppenbildung (die dann zum Beispiel Haarlingen im wahrsten Sinne „ein gefundenes Fressen" sind) und Juckreiz. Aufmerksamkeit für diesen Umstand kann Schlimmeres verhindern.

5. Was ist zu tun? Vorbeuge bei Zucht und Import

Das Übel tatsächlich an der Wurzel packen können wir nur dann, wenn es uns gelingt Pferde zu züchten, die für das Sommerekzem nicht mehr anfällig sind, die also die zum Teil ererbte Überempfindlichkeit nicht besitzen. Die Tücke liegt hier im Detail, denn es genügt nicht nur einfach nicht mehr mit Ekzempferden zu züchten. Wenngleich das allein schon mal ein großer Schritt in die richtige Richtung wäre.

Um diese Problematik etwas näher zu beleuchten: Ein kleiner Ausflug in die Vererbungslehre:

Wir können uns vereinfacht vorstellen, dass in einem Individuum für eine bestimmte Ausprägung eines Merkmals immer zwei Informationen, von jedem Elterntier eine, vorhanden sind. In der Regel ist eine dieser Informationen stärker, dominant, die andere schwächer, rezessiv. Nehmen wir eine einfache rezessive Vererbung des Merkmals Sommerekzem an.

Ein Pferd, das tatsächlich auch genetisch kein Ekzem hat, besitzt dann theoretisch zweimal die Information „kein Ekzem" In der Grafik „ E". Ein Pferd, welches ein Ekzem sichtbar hat, trägt theoretisch zweimal die Information „Ekzemträger" in der Grafik „e". Pferde, die jede Information einmal besitzen, zeigen kein Ekzem, da die Information „kein Ekzem" stärker, dominant, ist. Kreuzt man Individuen miteinander bekommt man neue Kombinationen der Informationen beider Elternteile. In unserem Beispiel unten ergeben sich folgende Möglichkeiten:

Diese Regeln sind die einfachste Grundlage der Genetik, sie heißen Mendelsche Spaltungsregeln.

Leider ist dies Modell, was gut nachvollziehbar und verständlich ist, nicht in der Lage, die gesamte komplexe Vererbung des Sommerekzems zu beschreiben. Es gibt Merkmale, die nur kombiniert mit anderen Merkmalen vererbt werden, und solche, bei denen an der Ausprägung eines Merkmals mehrere Gene beteiligt sind. Man nennt diesen schon komplizerteren Umstand multifaktorielle Vererbung.

So müssen wir uns auch für die Vererbung unseres Sommerekzems ein passendes Modell entwickeln. Die Wissenschaft, die hierfür benötigt wird, ist die Populationsgenetik. Sie versucht uns

1.	Zwei gesunde Elterntiere:		EE		EE
	ergeben nur gesunde Nachkommen	EE	EE	EE	EE
2.	Zwei kranke Elterntiere		ee		ee
	ergeben nur kranke Nachkommen	ee	ee	ee	ee
3.	Gesundes plus krankes Elterntier:		EE		ee
	ergeben nur gesund erscheinende Nachkommen	Ee	Ee	eE	eE
4.	diese untereinander		Ee		eE
	ergeben ein gesundes, zwei gesund erscheinende und einen kranken Nachkommen.	EE	Ee	eE	ee

5. Was ist zu tun? Vorbeuge bei Zucht und Import

Hoffentlich entwickelt dieses Fohlen kein Ekzem wie seine Mutter.
Foto: Schmelzer

mit mathematischen Modellen die tatsächlich auftretenden Vererbungsgänge plausibel zu machen. Der geneigte Leser ahnt, die Materie ist ziemlich kompliziert.

Halten wir uns an das, was wir wissen. Tatsächlich fallen aus der Anpaarung gesund erscheinender Elterntiere 13,5% kranke Fohlen, aus der Anpaarung kranker Elterntiere 37,5% kranke Fohlen. Mit Mendels Spaltungsregeln lässt sich das nicht erklären. Diese Auswertung beobachteter Zahlen stammt aus der Dissertation der Tierärztin Doktor Marion Unkel, die als erste nach mehr als fünfzig Jahren Spekulationen über die Erblichkeit des Sommerekzems eine aussagefähige Studie mit Islandpferden erarbeitet hat. Sie kommt aufgrund ihrer Beobachtungen zu dem Schluss, dass das Sommerekzem multifaktoriell vererbt wird. Welche und wie viele Gene beteiligt sind, ist nach wie vor nicht bekannt. Woran es liegt, dass der Einfluss der Stute größer zu sein scheint, als der des Hengstes, ist uns ebenfalls noch nicht plausibel.

Noch etwas verwirrender wird es, wenn man sich nun noch vor Augen führt, dass ein Merkmal, das wir sehen, ja nur zum Teil angeboren, zum Teil aber auch erworben sein kann.

Wie stark sich die ererbten Eigenschaften darauf auswirken, ob ein Pferd nun ein Ekzem bekommt oder nicht, ist daher ebenfalls interessant.

Wie stark der angeborene Teil in den Unterschieden zwischen den Tieren zum Tragen kommt beschreibt der Genetiker mit der Heritabilität, der Erblichkeit eines Merkmals. So gibt es zum Beispiel Untersuchungen bei bestimmten Erkrankungen (z. B. Hufrolle), wie stark ein betroffener Hengst diese Erkrankung vererbt.

Als Heritabilität wird immer eine Zahl zwischen Null und Eins genannt. Wobei in diesem Beispiel Null bedeuten würde, ob der Hengst selber Hufrolle hat oder nicht, hat keinen Einfluss auf die Erkrankungshäufigkeit seiner Nachkommen. Eins würde bedeuten alle Nachkommen eines hufrollenkranken Hengs-

Gesunde (noch?) Isländer-Jährlinge auf einer viel zu „fetten" Weide. So gute Weiden sind nur für stundenweisen Weidegang geeignet.
Foto: Schmelzer

tes erkranken. Stellt sich also die Frage nach der Heritabilität des Sommerekzems.

Für das Sommerekzem muss nach den Studien von Frau Doktor Unkel eine Heritabilität von etwa 0,1 angenommen werden. Das bedeutet, dass der Erblichkeitsanteil des Sommerekzems bei etwa 10% liegt.

Dazu können wir der Studie entnehmen, dass es einen starken mütterlichen Einfluss auf die Ausprägung des Merkmals Sommerekzem gibt. Ob dieser Einfluss bereits während der Trächtigkeit (*intrauterin*) oder erst nach der Geburt zum Tragen kommt, weiß man bis heute nicht.

Die Konsequenzen aus diesen Untersuchungen interessieren den verantwortungsbewussten Züchter. Die Heritabilität bestimmter Merkmale zu kennen, hilft dem Züchter einzuschätzen, an welcher Stelle, innerhalb welchen Zeitraumes und mit welchem Erfolg er durch seine Zucht etwas verändern kann.

Züchter im engeren Sinne sind all diejenigen, die Pferde kreuzen, um tatsächlich etwas zur Vervollkommnung „ihrer" Rasse beizutragen. Dazu gehört viel Fachwissen, Geduld und unendliche Liebe. Wünscht ein Züchter bestimmte Eigenschaften in den von ihm gezüchteten Tieren fest zu verankern, so plant er gewöhnlich über mehrere Generationen. Bei allen Möglichkeiten, die uns die Erkenntnisse der Vererbungslehre heute bieten, sind wir vor Misserfolgen nie geschützt. Ein versierter Züchter hat auch Misserfolge, aus denen er lernt und zu denen er steht. Dauerhafter Zuchterfolg entsteht nie auf Anhieb und durch Zufall in einer einzigen Generation. Natürlich fällt schon mal völlig ungeplant ein phantastisches Fohlen, ob so ein Erfolg aber wiederholbar ist oder sich gar in den Nachkommen fortsetzt entscheidet nur die planvolle Zucht.

Züchter im weiteren Sinne sind auch all diejenigen, die ein Fohlen aus ihrer Lieblingsstute ziehen, zum Selberbehalten oder Weitervermehren und diejenigen, die durch die Vermehrung von Modepferden nach dem Motto „Masse statt Klasse" Geld verdienen. Sie dienen dem Erreichen eines Zuchtziels nicht, häufig wirken sie ihm entgegen.

Spricht man von Zucht, sollte man nur Züchter im engeren Sinne betrachten und sonstige Vermehrer außen vor lassen. Nur die Züchter im engeren Sinne tragen dauerhaft zur Erlangung eines Zuchtzieles bei. Um nicht missverstanden zu werden, mein eigenes Herz hängt nach wie vor an dem ersten eigenen Pony meines Lebens, einem charmanten Mischling mit natürlich ausschließlich tollen Eigenschaften. Ausschließlich aus derartigen subjektiven Betrachtungen heraus möchte ich nicht unbedingt züchten.

Allein die Einsicht in diese Zusammenhänge und das konsequente Hinzüchten auf Ekzemfreiheit kann dauerhaften Erfolg bringen. Bei der angenommenen Heritabilität von 0,1 ist ohnehin erst nach mehreren Generationen mit messbarem Erfolg zu rechnen.

Entscheiden die Züchter sich nicht bald, der heute steigenden Zahl ekzemkranker Pferde konsequent entgegenzuwirken, schaden sie dem Ruf der ganzen Rasse.

Der ausschließliche Blick auf das Merkmal Ekzemfreiheit schadet einer Rasse sicher auch. Wie zum Teil in den Farbzuchten - oft nur mit Blick auf die schönen Flecken - Gebäudemängel in Kauf genommen werden, soll es nicht sein. Versuchen wir mit den besten Pferden einer Rasse zu züchten und dabei die Ekzemfreiheit als angestrebtes Fernziel nicht aus den Augen zu verlieren.

Eines der Hauptprobleme nicht nur in der Zucht, sondern vor allem auch beim Neuerwerb oder beim Import speziell des Islandpferdes ist es, die Ekzemneigung zu erkennen.

Versuche mit den verschiedensten Verfahren geben uns bis heute nur Anhaltspunkte. Bis jetzt kann es bei einem Pferd, das gesund aussieht und dessen Elterntiere gesund aussehen, noch keine Garantie geben, dass es kein Ekzem entwickeln wird. Allein die bisherige lebenslange Ekzemlosigkeit kann bescheinigt werden. Forschungen in dieser Richtung laufen bereits über mehrere Jahre, kommen allerdings aufgrund der sehr begrenzten finanziellen Mittel langsam voran.

Der isländische Bauernverband Samband hat inzwischen versucht, für das Islandpferd diese Forschungen zu koordinieren, und unterstützt diese auch finanziell. Wirtschaftlich nötig ist das sicher nicht, der Anteil des Pferdeexportes an der isländischen Wirtschaft ist unbedeutend. Bedeutend ist aber, dass der Isi so viel positiven Bekanntheitsgrad schafft und soviel Werbung macht (Tourismus). Wird diesem charmanten Landesvertreter durch das Ekzem der gute Ruf ruiniert, kann das in seinem Ursprungsland am wenigsten hingenommen werden.

In Bern hat eine Forschungsgruppe in zwei Warmblutgroßfamilien Zusammenhänge zwischen dem Auftreten bestimmter Antigene (ELA Klasse II W23) und der Erkrankung gefunden. Inwieweit diese Ergebnisse auf Warmblüter allgemein übertragen werden können, weiß man (noch) nicht. Untersuchungen der gleichen Forschungsgruppe an Arabern können diesen Zusammenhang für die arabische Rasse nicht nachweisen. Die Ergebnisse führen zunächst zu der Aussage, dass mit kranken Pferden nicht gezüchtet werden soll, da auch gesund erscheinende Nachkommen sehr wahrscheinlich Merkmalsträger sind. Nachkommen kranker Stuten erkranken dabei häufiger, als Nachkommen erkrankter Hengste. Schön zu wissen, zumal es sich mit den Ergebnissen der Islandpferdestudie deckt, die ebenfalls auf den größeren mütterlichen Einfluss hinweist.

Verschiedene Untersuchungen testen mit intradermalen Tests die Empfindlichkeit einzelner Pferde gegen Stechinsekten. Hier wird ähnlich dem bei uns üblichen Tuberkulosetest Antigen in die Haut gebracht und die lokale Reaktion gemessen. Solches Antigen wird entweder aus Mückenspeichel oder aus dem Extrakt ganzer Mücken produziert und verdünnt in die Haut gespritzt. Bei kranken Pferden ist die Reaktion auf diesen Test durch Bildung von typischen Hautveränderungen an den Applikationsstellen in der Regel deutlicher. Zudem helfen uns derartige Untersuchungen, das auslösende Insekt von anderen zu unterscheiden. Ein Ekzempferd reagiert auf verdünnten Culicoidesextrakt stärker als auf den Extrakt einer am Geschehen nicht beteiligten Stechfliege. Diese Tests funktionieren nur bei Pferden, die diese Erkrankung haben und nicht während des Tests erstmalig mit dem Antigen in Kontakt kommen. Der Körper muss sozusagen bereits allergiebereit sein und über Antikörper verfügen. Daher eignet sich so ein Verfahren leider nicht zum Testen von Isländern auf Island.

Thermografische Untersuchungen, bei denen mit Hilfe einer speziellen Kamera die Wärmeabstrahlung des Körpers sichtbar gemacht wird, eignet sich für unser Ziel auch nur begrenzt. Eine israelische Studie zu diesem Verfahren an dreizehn erkrankten und sechs nicht erkrankten Pferden belegt, dass bei allen erkrankten (und bei zwei nicht erkrankten) Pferden die typischen Ekzemstellen wärmer waren, als bei den übrigen, nicht erkrankten Pferden. Deutlich kann dieses Verfahren auch die verstärkte Wärme betroffener Areale in den Wintermonaten zeigen. Aus einer im Winter ganz gesund aussehenden Herde könnten also auf diese Weise ekzemkranke Pferde herausgefunden werden. Zur Untersuchung kranker Pferde muss diese Methode als geeignet angesehen werden. Ob sie sich zur Früherkennung eignet ist bislang nicht belegt.

Nach wie vor gibt es also kein etabliertes Verfahren zur sicheren Erkennung der bisher nicht erkrankten Merkmalsträger. Das Entwickeln eines solchen

Wenn der Stall mückenfrei gehalten werden kann, schützt diese Haltung das Ekzempferd am besten. Foto: Schmelzer

Verfahrens ist Ziel und Thema verschiedenster wissenschaftlicher Publikationen.

Man stelle sich vor, man könnte durch eine Untersuchung sicher feststellen, ob ein gesund aussehendes Pferd Merkmalsträger ist oder nicht. Wie viel leichter wäre die Arbeit des Züchters. Wie viel Leid könnte man sich und dem Pferd ersparen, wenn man den vermutlich erkrankenden Isländer gar nicht erst importiert.

6. Vorbeugemassnahmen für das einzelne Tier

Die hier beschriebenen Maßnahmen zielen darauf, das Leben des Ekzempferdes und seines Menschen so lebenswert wie möglich zu gestalten. Es geht zum einen darum, nach Möglichkeit den Ausbruch der Erkrankung zu verhindern. Gelingt dies nicht, müssen wir versuchen einen möglichst milden Verlauf mit möglichst geringer Ausprägung der Symptome zu erreichen.

Beginnen wir mit dem Alltäglichen, der Haltung:

Die reine Boxenhaltung in einem mückensicheren Stall ist die einzige Haltungsform, die den Ausbruch des Ekzems im Frühjahr sicher verhindert. Die Aufstallung unserer Pferde von April bis Oktober nützt sicher. Allerdings müssen wir dann auch auf Ausritte nachmittags und in den Abendstunden verzichten, oder für zusätzlichen Schutz sorgen.

Damit ein Stall mückenfrei ist und durch den Sommer bleibt, müssen einige Voraussetzungen erfüllt sein. Der Stall sollte trocken, dunkel und nicht zu luftig sein. Dringen Mücken in den Stall ein, kann die zusätzliche Verwendung von Repellents nötig werden.

6. Vorbeugemassnahmen für das einzelne Tier

Der informierte Pferdefreund steht nun aber vor dem Konflikt, seinem Pferd eine artgerechte Unterbringung bieten zu wollen und kann sich mit der reinen Boxenhaltung nicht anfreunden.

Möglich ist es natürlich auch, die Pferde nur zu den „gefährlichen" Zeiten aufzustallen. Weidegang von ca. 9 Uhr bis ca. 16 Uhr ist in unseren Breiten in den Sommermonaten möglich. Im Winter können die Pferde dann ganztägig draußen gehalten werden. Die Zeiten ändern sich mit den Zeiten des Sonnenaufgangs und Sonnenuntergangs. Im Hochsommer darf die Weidezeit etwas länger sein als im Frühsommer und im Herbst. An sehr windigen oder total verregneten Tagen können die Pferde ebenfalls relativ gefahrlos draußen bleiben. Dummerweise müssen die allermeisten Pferdehalter tagsüber auch Geld verdienen und können nicht Temperatur, Windgeschwindigkeit und Luftfeuchtigkeit messend die Zeit in Pferdenähe verbringen, um möglichst viel Weidegang zu gewährleisten und im Zweifel schnell reinstellen zu können. Dazu fehlt vielen der insektensichere Stall. Gehen wir also noch ein wenig weiter ab vom idealen Vorgehen und kommen zu real umsetzbaren.

Die allermeisten betroffenen Pferde werden ganz robust oder in Offenstallhaltung gehalten. Damit dies auch für Ekzempferde möglich ist, müssen spezielle Anforderungen an Weide und Offenstall gestellt werden. Die Haltung eines Ekzempferdes im Sommer ohne Stall ist meines Erachtens unmöglich. Hochgelegene Bergweiden und Deiche an der Küste mögen Ausnahmen sein.

Geeignete Weiden sind trocken. Wind sollte unbedingt Zugang haben. Schöne Knicks, am besten mit Bächlein an den Rändern unserer Weide machen sie ungeeignet. Auch bei starkem Regen sollte die Weide trocken bleiben, beziehungsweise schnell abtrocknen. Weiden in der Nähe (etwa 10 km) von Angelteichen und Mooren sind nicht geeignet. Wichtig ist auch die Weidepflege. Tägliches Absammeln der Pferdeäpfel ist unbedingt ratsam.

Der Offenstall muss ein insektensicherer Rückzugsort sein.

Dafür eignen sich dunkle, trockene Ställe, deren Eingänge mit Planen oder Ähnlichem versehen werden sollten. Insektenfangbänder, andere Repellents oder außer Pferdereichweite angebrachte (und entsprechend gesicherte) Mückenlampen sind sinnvoll. Elektrische Antimückensummer tun ebenfalls gute Dienste. Zeigen Sie Ihrem Pferd all diese Einrichtungen in Ruhe. Furcht des Pferdes vor dem „durch-die-Plane-Treten" oder namenloses Entsetzen beim Anblick der Mückenlampe machen sonst alle guten Ideen zunichte. Offenes, angerührtes Futter und eigene Essensreste haben im Stall nichts zu suchen.

Solange wir nicht stark mit Insektiziden arbeiten, können wir versuchen, natürliche Feinde der Mücken in ihrem lobenswerten Bemühen zu unterstützen. Gerne gesehene Gäste sind Schwalben. Das Anbringen von Brettern und Nisthilfen außerhalb der Reichweite findiger Katzen helfen sie anzulocken und dazubehalten. Fledermäuse sind auch prima, nur viel schwieriger anzulocken. Andere Insekten locken zu wollen, ist sinnlos, immer begünstigen wir damit auch die Mücke.

Wenn wir (die eigene Unzulänglichkeit zulassend) uns mit Weiden in der Nähe von stehenden Gewässern begnügen müssen, kommen wir ohne zusätzliche Behandlungen sicher nicht aus. Wir können uns aber um die Ansiedlung von Fröschen bemühen (Umsetzen von Laich ist in einigen Gebieten und für den Laich einiger Arten nicht erlaubt). Hier sollten wir mit dem großzügigen Verteilen von Insektiziden besonders vorsichtig sein (Leichtfertigkeit im Umgang mit Giften ist sowieso nicht zu entschuldigen), da viele Gifte auch für Bienen und Fische gefährlich sind.

Ein einzelner Mückenstich kann bereits Juckreiz auslösen. Wir müssen unserem Pferd schon aus Gründen des Tierschutzes eine Möglichkeit geben, sich zu scheuern. Ein Konfuzius-Zitat behauptet, der wahrhaft Tapfere sei nicht, wer klaglos großen Schmerz erträgt, sondern wer längere Zeit Juckreiz erträgt ohne sich zu kratzen. Unserem Pferd liegt vermutlich wenig an Charakterstärke als Selbstzweck, geben wir also die Möglichkeit zum Kratzen. Um weiteren Schäden vorzubeugen muss es Scheuermöglichkeiten geben, an denen die Pferde sich nicht verletzen können. Glatte Baumstämme, senkrecht und schräg angebracht, sind ideal. Bürstengalgen wie in der Skizze werden sehr geliebt. Wer Zeit hat, kann in Haltungen mit derartigen Pflegeeinrichtungen beobachten, wie die Pferde zu bestimmten Zeiten (Morgentoilette etc.) regelrecht anstehen um auch an die Bürsten zu gelangen. Je nach Zahl der gehaltenen Pferde müssen mehrere derartige Konstruktionen angeboten werden. Scheuermöglichkeiten sollte es draußen und im Stallbereich geben. Ein schöner trockener, sandiger Wälzplatz sollte auch da sein. Sehr elegant ist es, wenn es gelingt, dem Pferd Wälzplätze

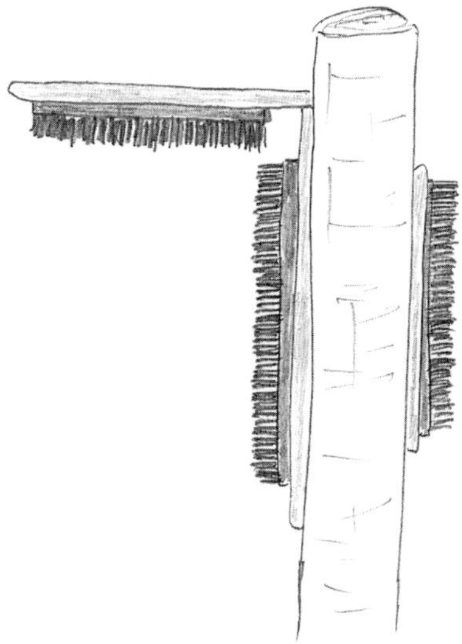

So ein Bürstengalgen muss fest verankert sein. Das Pferd wird sich begeistert daran schubbern.

Beim Scheuern am alten Baum geht viel kaputt - und jucken tut es trotzdem. Foto: Struewer

schmackhaft zu machen, an denen es sich selbst mit von Insekten ungeliebtem Duft parfümiert (geschnittene Lauchpflanzen trocknen und untermischen, Fliederblüten eignen sich auch, testen welche Antimückendüfte vom Pferd ertragen werden oder gar gemocht werden, das ist individuell sehr verschieden). Scheuermöglichkeiten, an denen die Pferde sich verletzen können, wie alte Bäume, Krippenränder oder Zäune, müssen entfernt oder mit Elektrodraht unerreichbar gemacht werden. Eine Bitte am Rande: Achten Sie beim Einzäunen darauf, dass Draht und Litze immer straff gespannt sind. Beides wird im Handel „unverwüstbar" angeboten. Wählen Sie lieber eine Qualität, die im Notfall reißt, als etwas ganz Festes, was hereingeratene Hälse oder Beine eher zerbricht als loszulassen. Dasselbe gilt, wenn Sie Ihr Pferd um Repellents zu befestigen mit Halfter auf die Weide lassen. Ziehen Sie Lederhalfter, die notfalls reißen, tollem festem Nylon vor.

In einigen Veröffentlichungen wird massiv gegen die Haltung von Ekzempferden in Gruppen argumentiert. Tatsächlich kann die Haltung zweier kranker Ekzemer zu gegenseitigen blutigen Benagen führen. Ein Ekzemer gemeinsam mit nicht kranken Pferden hat dieses Problem in aller Regel nicht. Ich halte die Einzelhaltung von Pferden für Tierquälerei und kann dieser Empfehlung nur für sehr extreme Erkrankungfälle zustimmen. Auch dann muss der Sichtkontakt zu Artgenossen erhalten bleiben. Andere Gesellschaftstiere sind immer nur eine Notlösung. Ziegen eignen sich als Gesellschafter für Ekzempferde nicht, sie fressen gerne das Langhaar an.

Bei der Betrachtung weiterer Vorbeugemaßnahmen kommen wir schon ein wenig in den Behandlungsbereich hinein. Überschneidungen sind hier nicht zu vermeiden.

Auf die richtige Ernährung ist im Rahmen dieses Buches schon häufiger hingewiesen worden. Eine Eiweißüberversorgung muss unbedingt vermieden werden. Vor allem Islandpferde, die jahrzehntelang an minderwertiges Futter angepasst wurden, haben häufig mit dem viel zu vielen und zu „guten" Futter bei uns ganz erhebliche Probleme. Reines Beifüttern von Stroh, wie in vielen Betrieben im Frühjahr praktiziert, um ein Rohfaser/Roheiweiß-Gleichgewicht wieder herzustellen, ist der falsche Weg. Stroh ist auf Island sozusagen nicht vorhanden. Die meisten isländischen Isländer kennen es gar nicht. Haben wir uns den Magen mit zu viel Schokolade verdorben, hilft das anschließende Essen von großen Mengen Sauerkraut entschieden weniger, als es der rechtzeitige Schokoladeverzicht gekonnt hätte. Grade unsere robusten Pferderassen verzichten in aller Regel nicht freiwillig. Wir sind dafür verantwortlich, was und wie viel unser Pferd frisst. Häufig finden wir trotz der fast schon üblichen quantitativen Überversorgung einen qualitativen Mangel in der Zusammensetzung der Nahrung. Ausgewogene Mineralien sind in nahezu keiner Ration vorhanden. Beginnt man sich mit der Pferdefütterung etwas näher zu beschäftigen, erfüllt einen alsbald Ehrfurcht, mit welchen Stoff-wechselimbalancen unsere Pferde immer noch leistungsfähig und fröhlich sind.

So lange ein Ekzempferd sich leistungsbereit zeigt und trotz vorhandener Läsionen geritten werden kann, soll es arbeiten. Regelmäßige Bewegung ist das Beste, was wir unserem Pferd und seinem Stoffwechsel bieten können.

Der Haut als größtem Sinnesorgan, welches die Grenzfläche unseres Pferdes zu seiner Umwelt darstellt, kommt sehr große Bedeutung zu. Fast alle Organerkrankungen und sehr viele systemische

So ist es entschieden besser. Foto: Schmelzer

Erkrankungen beeinflussen die Haut, ihre Durchblutung und ihren Stoffwechsel (kranke Menschen sehen „nicht gut aus", ein Hautphänomen).

Vitaminmangelzustände entstehen häufig grade in den Wintermonaten, in denen wir die Haut unserer Pferde in der Regeneration unterstützen und auf den Kampfeinsatz Sommerekzem vorbereiten sollten. Genaue Diagnostik und regelmäßige Kontrolle sowohl der Gesundheit des Pferdes wie der Futterration sind unabdingbar.

Ein spezielles krank machendes Problem ist die Übersäuerung des Pferdeorganismus vor allem durch falsche

Fütterung. Auch chronische Atemwegsinfekte können durch die Behinderung des Gasaustausches in der Lunge zu Übersäuerungen führen. Nierenerkrankungen sind seltener, führen aber zu einem ähnlichen Bild. Das Krankheitsbild entsteht hier schleichend. Der Organismus hat verschiedene Regulationsmechanismen, die in den Säure-/Base-Haushalt eingreifen können. Dazu gibt es im Blut unterschiedliche leistungsfähige Puffersysteme, die das Absinken des ph-Wertes unmerklich vor sich gehen lassen. Erst, wenn die Regulationsmechanismen überlastet oder erschöpft sind, kommt es zu Krankheitserscheinungen.

Ein Teufelskreis entsteht durch das Zusammenwirken von Blutviskosität (Fließfähigkeit), Basengehalt und peripherer Durchblutung. Spätestens jetzt ist die Haut mitbetroffen. Hufrehe kann ebenso als Durchblutungsproblem durch Übersäuerung entstehen. Übersäuerung wird begünstigt durch reine Heu/Gras/Haferfütterung. Wird die Ausprägung von Hautkrankheiten und Allergien entschieden vom Gesamtstoffwechsel beeinflusst, wovon wir heute ausgehen müssen, ist das Sommerekzem durch Übersäuerung stark begünstigt. Mineralstoffmangel tut ein Übriges.

Auch die bloße Erfahrung lehrt, dass restriktiv gefütterte Pferde weniger heftig erkranken, als quantitativ überversorgte.

Der Sommerekzemer gehört keinesfalls auf eine fette Koppel. Salzlecksteine und Mineralfutter sollten selbstverständlich sein. Richtige Fütterung muss individuell abgestimmt werden. Als allgemeine Hinweise zur Fütterung des Ekzempferdes können gelten:

1. Knapp füttern!
2. Gerste statt Hafer füttern, wenn eine Getreidezufütterung nötig ist.
3. Zumindest während des Fellwechsels regelmäßig Leinsamen füttern.

Dazu wieder eine Anmerkung: Tägliche Leinsamenfütterung führt zu einer Gewöhnung des Darmes, plötzliches Absetzen wird dann schlecht vertragen. Wer tägliche Beifütterung nicht gewährleisten kann füttert jeden zweiten Tag. Lein-samen wird durch Kochen entgiftet. Kochen setzt außerdem die Schleimstoffe frei. Die fast-food-Gesellschaft bietet für Pferde geschrotenen Leinsamen an, der nicht mehr gekocht werden muss. Ernährungsphysiologisch ist zu kochender Leinsamen besser. Ganzen Leinsamen (gelben oder braunen) kocht man unter Aufsicht (er brennt gerne an und kocht mit Begeisterung über) mit Wasser im Verhältnis Leinsamen zu Wasser 1:3. Gut aufkochen und wenigstens 20 Minuten köcheln lassen. Nach Geschmack des Pferdes oder Mängeln in der Futterration kann man Salz, Magnesiumoxid, Melasse oder Honig zusetzen.

4. Bedarf bestimmen und Calciumpräparate zusetzen.

Menschenverstand nie ausschalten! In den wenigsten teuren Müslifuttern ist all das in genau der richtigen Menge enthalten, was unser Pferd braucht. In einigen eiweißarmen Pellets ist mehr Eiweiß, als im Hafer! Lesen und denken muss man selbst.

Die Beifütterung von Vitamin B oder Vitamin B-haltigen Zusätzen soll Pferde für Mücken unappetitlicher machen. Beim Menschen weiß man, dass es funktioniert, beim Pferd deuten viele Tips darauf hin. Die reine Vitamin B-Zufütterung ist nahezu unmöglich, die regelmäßige Injektion für viele nicht praktikabel. Einige der Tips, die betroffene Pferdehalter abgeben, zielen aber in diese Richtung und sind praktikabel (und mehr oder weniger finanzierbar):

1. Beifüttern von Hefe. Ein halber Hefewürfel pro Pferd und Tag ist genug! Hefe morgens aus dem Kühlschrank nehmen, mit etwas Wasser und wenig Zucker vermengen und über den Tag unappetitlich glibschig werden lassen. Dann unters Futter geben.
2. Bier geben. Zum Beispiel kann man ja abends das letzte Hefeweizen teilen.
3. Kanne Brottrunk morgens und abends je einen Viertelliter mit dem Futter. Es wird an einer Stelle auch die Anwendung lauwarmen Brottrunks per Einlauf empfohlen. Außer, dass dies relativ unkomfortabel erscheint, ist es möglicherweise wirkungslos.
4. Beifütterung von Fermentgetreide regelmäßig zu wenigstens zwei Mahlzeiten täglich. Auch häufig gemeinsam mit Brottrunk.
5. Beifüttern von ein bis vier Esslöffeln trockener Bierhefe (Futtermittelhandel).
6. Verschiedene Firmen haben Öle zur Futterergänzung auf den Markt gebracht, die durch ihr Fettsäurenmuster die Allergieneigung des Körpers verinngert. (z.B. Sabolvet, Atcom oder Dermanorm, Chassot). Ein Versuch hiermit lohnt sich auf jeden Fall. Tägliche Gabe (Zwei Teelöffel zweimal täglich) ist nötig.

Andere Stoffe, die die Pferde von innen den Insekten unappetitlich erscheinen lassen, sind Knoblauch und Zwiebeln. Letztere sind nahezu nicht in die Pferde zu bringen. Knoblauch ist bei Mensch und Pferd Gewöhnungssache. Manchem fällt es schwer, morgens als erstes den Knoblauch fürs Pferd zu schneiden, und manches Pferd findet den Knoblauch auch in der sonst geliebten Banane. Einige Firmen bieten Knoblauchgranulat für Pferde oder Knoblauchkräutermischungen an, die in der Regel gut genommen werden und nach Herstellerangaben und einigen Betroffenen-Tips wirksam sind. Zum Beispiel Ismo EK von Wichert, Mosquito fly Away von Köhls, Knoblauchchips von Atcom.

Äußerlich anzuwendende Stoffe zur Abwehr der Mücken sollen im Therapiekapitel besprochen werden.

7. Behandlungsmöglichkeiten

Auf den nun folgenden Seiten werden die gängigsten Behandlungsmöglichkeiten vorgestellt. Es wird dabei im Einzelnen auf die Rezepte, die Handhabung und die Anwendungsintervalle eingegangen werden.

Der Wirkmechanismus vieler der dargestellten Therapieansätze ist (noch) nicht bekannt. Gerade bei Ansätzen aus der Homöopathie wird ein Wirksamkeitsbeweis, wie die heutige Wissenschaft ihn fordert, auch nicht möglich sein.

Nicht jedes Pferd spricht auf jede Therapie an. Es gibt zu den einzelnen Therapieansätzen Hinweise, wie zufrieden die Anwender und ihre Pferde sind.

Grundsätzlich gilt für jede Behandlung des Sommerekzems Folgendes:

1. Durch keine Therapie kann ein Pferd seine Veranlagung zur Überempfindlichkeit verlieren.

2. Ekzembehandlung nützt mehr, wenn sie bereits im April begonnen wird. Therapieversuche, die erst im Mai, noch später, oder erst bei Auftreten der Symptome begonnen werden, sind nachweisbar wirkungsärmer, als die rechtzeitige Behandlung.

Solche Haltung ist für Ekzempferde völlig ungeeignet. Foto: Schmelzer

3. Teilmaßnahmen helfen in der Regel nicht, die einzelnen Rädchen unserer Behandlungen müssen ineinander greifen um zu einem Erfolg zu führen.

4. Jede Methode muss konsequent verfolgt werden. Gehört zu einer Therapie das tägliche Behandeln, bleibt der Erfolg bei Behandlungen in größeren Intervallen vermutlich aus.

5. Genaue Beobachtung der Reaktionen unseres Pferdes sind notwendig.

Bei den Behandlungen im Einzelnen sollte zudem Folgendes Beachtung finden:

1. Therapeutische Ansätze, die kombiniert werden sollen, dürfen einander nicht beeinträchtigen. Eine Desensibilisierung zeitgleich mit einer Unterdrückung der Allergieneigung durchführen zu wollen, ist Blödsinn. Das Umstimmen der Reaktionslage des Organismus kann unmöglich in der Zeit ausgeprägtester Symptomatik durchgeführt werden.

2. Verschiedene am gleichen Ort aufgebrachte Therapeutika müssen in sinnvoller Reihenfolge angewandt werden. Wundheilende Stoffe gehören so direkt auf die Haut, unter die insektenabwehrenden Stoffe. Einige Insektizide sind fettlöslich und dringen zum Beispiel auf Lanolin aufgebracht gut in den Pferdekörper ein. Hier kann es sogar zu einer

Verschlimmerung der Symptome kommen. Einige Medikamente sind von sich aus stark reizend und können Symptome verschlimmern.

Pharmakologische Wechselwirkungen können auch positiv genutzt werden. Fliegenlotion auf Triplexan aufgesprüht führt zu einer besseren Feinverteilung des Triplexans auf der Haut.

3. Werden Fette auf die Pferdehaut aufgetragen, besteht immer die Gefahr, Poren zu verstopfen. Diese Gefahr ist bei tierischen Fetten größer, als bei pflanzlichen Fetten und Ölen. Um hier Abhilfe zu schaffen, bietet sich das regelmäßige Abwaschen betroffener Bezirke mit klarem Wasser oder den verschiedenen noch zu nennenden Tees an. Seifenhaltige Waschlotionen und Syndets (seifenfreie Waschlotionen) sind hierbei zu meiden. Ist der Einsatz von Waschlotionen notwendig, bieten sich salicylsäurehaltige Shampoos (z. B. Hippoderm), Tiershampoos auf Hafermehlbasis (z. B. Allercalm), Shampoos mit insektizider Wirkung, (z.B. Wellcare) oder einfache grüne Seife an.

4. Werden lokal Therapeutika verwandt, die durch Eintrocknen spannen oder krümmelig werden, muss ca. zwei Stunden nach der Behandlung der Rest des Therapeutikums auf der Haut durch Bürsten oder Abspülen entfernt werden. Das gilt zum Beispiel für grünen Lehm, Kieselgel, Brottrunk und Benadryllotion.

5. Therapeutika, die am Mähnenkamm aufgetragen werden sollen, müssen bei gestrecktem Hals angewandt werden (zum Beipiel Leckerlis auf den Boden legen). Ein gestreckter Pferdehals ist länger (bis zu zwanzig Zentimeter), als ein getragener. Bei Pferden die aus Furcht, vor dem, was kommt, mit Kragen und dem P (für Panik) im Gesicht vor uns stehen, ist das Erreichen aller Hautstellen am Hals nicht möglich.

6. Alle Therapeutika wollen dem Pferd in Ruhe und Freundschaft erklärt werden. Bei deutlicher Abwehr hilft nur das konsequente weitere Anwenden. Die Pferde gewöhnen sich an alles und lassen sich auch fast alles gefallen (das sieht man ja auch im Sport). Selber Ruhe zu bewahren und auszustrahlen ist eminent wichtig. Penetrant ruhiges, tiefes Atmen und so irgend möglich Ignorieren von Abwehrverhalten führen am ehesten zum Erfolg. Bleiben Sie hartnäckig, geben Sie auch genervt oder unter Zeitdruck nicht auf Ihren Behandlungswunsch umzusetzen.

Ein Pferd, das einmal begriffen hat, wie stark es ist und wie es sich der Behandlung erfolgreich entziehen kann, ist nur sehr schwer erneut von der Notwendigkeit einer Behandlung zu überzeugen. Seien Sie geschickt und konsequent. Vor allem lassen Sie sich nie auf Rangeleien oder Kraftproben ein (ist Ihr Pferd nämlich älter als etwa vierzehn Monate und hat wenigstens 85 cm Stockmaß, haben Sie schon verloren). Nur Mut, viele Pferde lassen sich gut überzeugen, mit uns gemeinsam das Ekzem zu bekämpfen. Einige merken, dass es ihnen wohl tut, und einiges fühlt sich ja auch tatsächlich gut an. Bestechungen können sehr hilfreich sein.

7. Nach Lage des Gesetzes gilt jedes Pferd in Deutschland beziehungsweise in der EG als lebensmittellieferndes Tier. Hiervon kann man sich und sein Pferd nicht befreien. Damit sind am Pferd nur diejenigen Arzneimittel zur Anwendung erlaubt, die auch für das Pferd zugelassen sind. Arzneimittel, die für andere lebensmittelliefernde Tiere zugelassen sind, können nötigenfalls (ein sogenannter Therapienotstand, das bedeutet ein Umstand, in dem kein für Pferde zugelassenes Medikament verfügbar ist, ist Voraussetzung) umgewidmet werden. Zu jedem vom Tierarzt an ein Pferd abgegebenen Medikament gibt es nach Vorschrift seit dem Sommer 1996 einen Arzneimittelabgabebeleg, der außer der Bezeichnung der Arznei ihr Anwendungsgebiet und die bei Schlachtung einzuhaltende Wartezeit ausweist. Interessiert Sie nicht?

Tierärzte, die Medikamente ohne diesen Beleg abgeben, begehen damit eine Ordnungswidrigkeit. Wenden Sie Arzneimittel, die nicht zugelassen sind, an Ihrem Pferd an, so machen Sie sich strafbar!

Wie Sie mit diesem Umstand umgehen bleibt Ihnen überlassen. Erwähnung finden muss es hier, da in den Behandlungstips Hinweise von Menschen verarbeitet sind, die sich augenscheinlich zum Wohl ihres Pferdes nicht um dieses Gesetz gekümmert haben. Medikamente wie zum Beispiel *Avil* aus der Humanmedizin werden zur Behandlung des Sommerekzems eingesetzt und im Folgenden auch mit dargestellt. Die Anwendung ist nicht erlaubt.

8. Für das Auftragen giftiger Stoffe und schmieriger Fette bietet sich das Tragen von Handschuhen an. Beim Umgang mit Arzneimitteln sollte eine gewisse Grundhygiene selbstverständlich sein. Das Essen, Trinken oder Rauchen während der Anwendung von Arzneien sollte unterbleiben. Besonders wichtig ist das Einhalten dieser Regel im Umgang mit *Pyrethroiden.*

Die Verfahren im Einzelnen:

1. Immuntherapie:

Diese Methode ist noch am ehesten als ursächlich anzusehen. Sie soll die Allergieneigung im Pferd verhindern. Es gibt verschiedene Ansätze:

Eigenbluttherapie:

Vom Tierarzt oder Heilpraktiker wird Blut aus der Halsvene entnommen und in der Regel an Brust oder Hals unter die Haut gespritzt. Auch eine Injektion in einen Muskel ist möglich. Dieses Verfahren muss zu Beginn ca. alle vier

Tage eingesetzt werden, ab der vierten Behandlung kann man die Behandlungsintervalle verdoppeln. Die Immunmodulation entsteht durch eine Reaktion auf das zurückgespritzte Blut, das außerhalb der Gefäße wie ein Fremdeiweiß bekämpft und abgebaut wird. Im Gegensatz zu Fremdeiweißen löst das eigene Blut keine Schockreaktionen aus. Kritiker dieser Methode behaupten, man erreiche die gleiche Reaktion durch Injektion von beispielweise Hühnerbrühe. Sicher ist das polemisch gemeint, Untersuchungen über Hühnerbrüheinjektionen liegen nicht vor.

Kombinationen mit Eigenblut:

Hier wird das entnommene Blut vor der Injektion mit einem Medikament gemischt. Üblich ist die Mischung mit Kombinationspräparaten der Firma Heel. Insbesondere Kombinationen mit *Coenzym Compositum* und *Traumeel* sind beschrieben.

Beide Präparate sind Kombinationen verschiedener Homöopathika. Der Homöopath, der etwas von seinem Handwerk versteht, stöhnt hier gequält auf. In der Homöopathie sollte individuell nach hinreichender Diagnose das für dieses Individuum passende Medikament verabreicht werden. Kombinationen von mehr als drei Medikamenten deuten auf schlampige Diagnosestellung hin. Die Firma Heel kombiniert nun über zwanzig möglicherweise in Frage kommende Homöopathika in Potenzen von D4 bis D8 in Mengen von 0,05g mit Natriumchlorid (Kochsalz) und Wasser zu einer Injektionslösung. In dieser ist sozusagen für alle etwas dabei, und erstaunlicherweise erzielt man häufig einen verblüffenden Erfolg. Homöopathika wie *Coenzym compositum* finden auch alleine (ohne Eigenblut) in der Behandlung des Sommerekzems Anwendung s. u..

Aufbereitungen von Eigenblut oder Gegensensibilisierung:

Die Firma vitOrgan bietet eine spezielle Aufbereitung von Patientenblut an. Die Methode, nach der das funktioniert, hat ein Herr Doktor Karl Theurer in den fünfziger Jahren entwickelt. Sie wird im Rheumakomplex des Menschen regelmäßig eingesetzt. Aus dem Blut des allergischen Patienten werden Antikörper mit Serumaktivatoren versetzt. Serumaktivatoren sind zum Beispiel Aluminiumhydroxid oder Kieselsäure. Es entsteht ein Komplex aus autologem Antikörper (das ist das Teilchen im Blut des Pferdes, das mit dem Antigen der Mücke reagiert) und dem Aktivator. Die Reinjektion dieses Komplexes regt nun den Körper an, gegen den eigentlich eigenen Antikörper wiederum Abwehrer zu bilden. Diese bezeichnet man als Anti-Antikörper. Trifft nun nächstes Mal ein Antigen (Mückenspeichel) auf das Pferd, entstehen im Pferd schnell zu viele Antikörper gegen den Mückenspeichel (überschießende Immunreaktion). Unsere gewonnenen Anti-Antikörper können mit diesen reagieren und so einen Teil der zu

Pflegemaßnahmen im „do it yourself"-Verfahren.
Foto: Schmelzer

großen Zahl Antikörper abfangen und anderweitig beschäftigen. Natürlich geht das auch nicht mit einer Injektion. Die Blutaufbereitung wird in bestimmten Verdünnungen alle zwei Tage unter die Haut gespritzt. Eine veränderte Abwehrlage erreicht man innerhalb von ca. sechs Wochen.

Zwei technische Probleme sind zu beachten: Erstens benötigt die Blutaufbereitung Zeit (etwa zwei Wochen) und ist nicht ganz billig (bis 200.-DM). Zweitens ist eine Blutentnahme zur Aufbereitung nur während der Allergie sinnvoll. Da die Blutaufbereitung bis zu zwei Jahren haltbar ist (gilt für die Stammlösung im Kühlschrank), kann man zum Beispiel in einem Jahr erfolgloser Behandlung (ohne Immunsuppressiva, sonst funktioniert es nicht) im Herbst Blut entnehmen, aufbereiten lassen und zeitig im nächsten Frühjahr mit der Reinjektion beginnen.

Desensibilisierung:

Dieses Verfahren verspricht wie im Allergiemanagment des Menschen am ehesten dauerhaften Erfolg, es steckt aber für die Behandlung des Sommerekzems noch in den Kinderschuhen. 1996 ist in Canada eine Publikation über eine Behandlungsreihe zehn kranker Pferde erschienen. Diese Pferde wurden wöchentlich mit einem verdünnten Extrakt einer dort heimischen Mückenart unter die Haut gespritzt. Die Injektion erfolgte in steigenden Dosen. Bereits innerhalb des ersten Jahres konnte bei neun von zehn Pferden ein Abflauen der Symptome beobachtet werden. Nach einem weiteren Jahr, in dem acht Pferde weiterbehandelt wurden, kommen die Untersucher zu einem sehr erfolgreichen Ergebnis: Im dritten Jahr waren drei der Pferde symptomfrei, drei hatten leichte Symptome und die letzten zwei waren zwar nicht gesund, aber deutlich weniger geplagt, als in den Vorjahren.

Bis diese Behandlung etabliert ist, wird noch einige Zeit vergehen. Trost ist das immerhin für die jüngeren Ekzemer und die, die noch geboren werden. Eine andere Studie über Desensibilisierungen ermittelt einen guten Behandlungserfolg bei Pferden unter zehn Jahren und möglichst frischem Ekzem.

Bioresonanz:

Dieses Verfahren behauptet, mit einer Art Lampe negative Schwingungen vom Pferd abgreifen und umkehren zu können. Hierdurch sollen in nur fünf Behandlungen Allergien gelöscht werden können. Eigene Erfahrungen mit dieser Therapie habe ich nicht, und Veröffentlichungen berichten leider nur eindrucksvoll mit vorher-/nachher-Bildern, ohne konkrete Hinweise zu geben. Einige Heilpraktiker sollen Erfahrungen mit dieser Methode haben. Die Firma, die dieses Gerät vertreibt, lädt selber zu - teuren - Fortbildungen ein. Da ich mir eine solche bisher nicht leisten wollte und niemanden gefunden habe, der mir detaillierte Auskunft hätte geben können, bleibt es hier bei dem bloßen Hinweis: so etwas gibt es auch.

2. Immunsuppression:

Cortikoide:

Derivate des natürlicherweise im Körper vorkommenden Cortisons werden zur Immunsuppression eingesetzt. Derartige Derivate sind zum Beispiel *Prednisolon, Methylprednisolon, Flumethason, Dexamethason* und *Triamcinolon*. Der Effekt, für den Cortikoide in der Sommerekzembehandlung eingesetzt werden, ist die immunsuppressive, das bedeutet das Immunsystem unterdrückende, Wirkung. Zudem wirken Cortikoide entzündungshemmend. Vor allem aber wirken sie juckreizstillend.

Dieses Juckreizstillen funktioniert sowohl durch Cortikoid-Injektion (systemisch) wie durch Auftragen cortikoidhaltiger Salben und Lotionen. Durch die konsequente Stillung des Juckreizes kann der Teufelskreis Jucken, Scheuern, Infizieren, Jucken wirkungsvoll unterbrochen werden. Sinn macht dies vor allem zu Therapiebeginn, gefolgt von gezielter Therapie.

Lokale Anwendungen sind der systemischen wegen der Gefahr von Nebenwirkungen vorzuziehen. Systemische Behandlungen, vor allem mit *Volon* - einem Langzeitcortikoid - waren bei Beginn der Sommerekzemtherapie in Deutschland die Regel. Die Injektion muss nach vier bis sechs Wochen wiederholt werden.

Bei dauerhafter Therapie verkürzen sich die Intervalle. Zudem sind die beschriebenen Nebenwirkungen bei längerer systemischer Anwendung erheblich.

Der Katalog enthält viel Unschönes von der erhöhten Infektanfälligkeit über Magengeschwüre, Muskelschwund, Leberschädigung, Hufrehe, Wachstumsverzögerungen, Osteoporose bis zu unumkehrbaren Hautveränderungen. Bei bereits infizierter Haut machen Cortikoide auf Dauer alles schlechter, nichts besser- außer, dass es eben unter dem Medikament nicht juckt. Bei tragenden Stuten kann der Einsatz von Cortikoiden zum Verfohlen führen.

Als Alternative ist verschiedentlich das Präparat *Celestovet* genannt worden. Die Wirkung hält hier länger an, sodass man in einem Sommer für die Dauertherapie gewöhnlich mit zwei Injektionen auskommt. Wirkungsweise, Vor- und Nachteile sind allerdings dieselben wie beim Volon. Dazu ist Celestovet für Pferde nicht zugelassen. In einigen Salben und Lotionen sind Cortikoide enthalten. Nebenwirkungen bei lokaler Anwendung solcher Salben und Lotionen sind kaum zu erwarten.

Antihistaminika:

Unter dem Namen *Benadryl* ist der Stoff *Diphenhydramin* als für Pferde zugelassenes Medikament auf dem Markt. Der Wirkstoff blockiert das Histamin, das für Auslösen und Vermittlung einer allergischen Reaktion große Bedeutung hat. Die Injektionslösung zur systemischen Behandlung wirkt nur acht bis zwölf Stunden, müsste also um allergische Erscheinungen zu unterdrücken zwei bis dreimal täglich verabreicht werden.

In *Benadryllotion* zur äußerlichen Anwendung ist dieser Stoff ebenfalls enthalten. Er wirkt stark juckreizstillend und lässt so den betroffenen Bereich erst einmal zur Ruhe kommen.

Avil ist ein nicht zugelassenes Antihistaminikum aus der Humanmedizin. Es ist als Injektionslösung und in

Freundschaftliche, gegenseitige Pflege ist für Pferde sehr genussvoll.
Foto: Schmelzer

Tablettenform im Handel. Eine sehr mutige und experimentierfreudige Leserin der „Freizeit im Sattel" beschreibt in einer Leserzuschrift die Anwendung der Injektionslösung bei ihrem Pferd. Da es hierbei zu tödlichen Zwischenfällen kommen kann, rate ich hiervon entschieden ab.

Mehrere Berichte deuten aber darauf hin, dass die Verabreichung der Tabletten zu durchschlagenden Erfolgen führt. Auch bei längerer Anwendung und auch bei tragenden Stuten sind keine Nebenwirkungen beobachtet worden. Die Benutzer empfehlen zweimal täglich eine Tablette. Die Wirkung kann nach zwei bis drei Tagen erwartet werden. Zwischen *Avil* und verschiedenen sedierenden Medikamenten kann es zu Wechselwirkungen kommen.

3. Immunisierung:

Diese Idee geht dahin, aus Stutenblut ein Antiserum zu entwickeln, mit dem Ekzempferde längerfristig geschützt werden können. Bisher ist dieses Verfahren nicht etabliert.

4. Biologisch aktive Peptide:

Biologisch aktive *Peptide* bewirken eine Steigerung der nicht erregerspezifischen Immunabwehr, bewirken eine Stoffwechselsteigerung der einzelnen Zellen und hemmen die Freisetzung von Histamin, jenem allergievermittelnden, körpereigenen Stoff, der schon mehrfach erwähnt wurde. Eine klinische Wirksamkeit bei Allergien des Menschen ist nachgewiesen. Auf dem Markt befindet sich das - für Pferde nicht zugelassene - Medikament *Colibiogen*.

Zur Behandlung des Sommerekzems wird Pferden durch den gesamten Sommer alle drei bis vier Tage zwei bis vier Milliliter Colibiogen gespritzt. Diese Behandlungsmöglichkeit führte in Versuchsreihen bei betroffenen Ponys der Rasse Deutsches Reitpony zum Verschwinden des Ekzems oder zu sehr deutlicher Besserung.

Bei Islandpferden zeigte sich dagegen bei über der Hälfte der Tiere gar keine Wirkung, bei den Übrigen nur eine geringe Verbesserung. Da in dieser Versuchsreihe mit sehr kleinen Tierzahlen gearbeitet wurde, sind allgemeine Aussagen über den zu erwartenden Behandlungserfolg leider noch nicht möglich.

5. Repellents:

Permethrin:

Permethrin ist ein pflanzliches Insektizid aus der Gruppe der *Pyrethroide*. Sie sind nur äußerlich wirksam. Theoretisch kann ihre Wirkung zwischen zwei Wochen und fünf Monaten anhalten.

Langanhaltende Wirkungen finden wir bei Ohrclips für Rinder (*Flectron*). In Lotionen, Shampoos und Pudern wirkt Permethrin leider praktisch oft nur einen Tag. Auf großflächige Wunden aufgebracht, kann Permethrin zu Vergiftungen mit Zittern, Unruhe, Übererregbarkeit oder Erschöpfung führen. Zudem schädigt es, wenn es in größerer Menge resorbiert wird, die Leber. Permethrin ist als Kontaktinsektizid tödlich für viele Insekten und sehr giftig für Bienen und Fische. Für Vögel ist es praktisch ungiftig. Da Permethrin sich relativ leicht zersetzt, kommt es kaum zu Persistenz in der Umwelt.

Permethrin ist unter dem Handelsnamen *Wellcare* als Emulsion, Shampoo und Puder auf dem Markt. Die Emulsion muss mit einem Plastikschwamm gleichmäßig auf dem Haarkleid verteilt werden. Vorsicht ist dabei an Augen und Nase geboten, da Permethrin auf Schleimhäuten leicht reizend wirken kann. Gefährdete Körperpartien müssen intensiver behandelt werden. Bei Kleinpferden und Ponys benötigt man für eine Behandlung etwa 100, bei Pferden etwa 200 Milliliter. Die aufgetragene Emulsion wird durch trockenes Putzen nicht beeinträchtigt, Nasswerden der Pferde kann aber leider die Wirksamkeit unterbrechen. Nach Herstellerempfehlungen soll die Anwendung alle zehn bis vierzehn Tage ausreichen.

Aus den praktischen Anwendungen erfährt man aber, dass die Wirkung selten länger als drei Tage anhält. Das Shampoo ist für Pferde nicht zugelassen. Das Shampoonieren der betroffenen Bezirke hat normalerweise eine sehr kurze Wirkung. Das Fell muss gut eingeschäumt werden. Nach zwei Minuten Einwirkungszeit kann das Shampoo gründlich ausgespült werden. Das Fell darf nicht trocken gerieben werden, sondern muss an der Luft trocknen. Die Anwendung wird von den meisten Anwendern für wenig praktikabel gehalten. Letzteres gilt ebenfalls für das Puder.

Ohrmarken für Rinder gibt es unter den Bezeichnungen *Flectron, Guardian, Tirade* und *Auriplak*. Die permanente Befestigung dieser Ohrmarken am Pferdehalfter schafft bei einigen Pferden ein Abflauen der Symptome. Einmal im Sommer muss eine neue Ohrmarke gekauft werden.

Eine Untersuchung an achtundzwanzig Pferden, neunzehn Ponys und zwei Eseln mit Sommerekzem testete ein Permethrinpräparat im sogenannten Pour-on-Verfahren. Den Tieren wurden zwei bis dreimal pro Woche dreißig bis vierzig Milliliter einer 4% Permethrinlösung entlang der Rückenlinie auf die Haut aufgetragen. Bei zwei der Pferde zeigten sich starke Reizungen durch das Präparat, so dass die Behandlung abgebrochen werden musste. Von den dreiundvierzig beteiligten sommerekzemkranken Pferden zeigten elf keine Sommerekzemsymptomatik und sechsundzwanzig eine deutliche Besserung. Das gibt diesem Verfahren eine Wirksamkeit von immerhin 86%.

Zum Vergleich: Hier wurde mit 4% Lösung gearbeitet. Gebrauchsfertige Wellcareemulsion entspricht 1% Permethrinlösung.

Ectrin:

Unter diesem Markennamen gibt es in den USA Pour-on-Lotionen für die Weidefliegenbekämpfung am Pferd. Der gleiche Wirkstoff ist 8%ig in Kunststoffbänder eingearbeitet, die unter den Namen *Flyguard* und *Bodyguard* ebenfalls in den USA vertrieben werden.

Diese Kunststoffbänder flechtet man in Mähne und Schweif ein. Ihre Wirkung hält sechs bis acht Wochen an. Der einzige Nachteil liegt hier darin, dass sie schwierig zu bekommen sind. Zum Teil findet man sie auf Messen. Einzige Abhilfe ist der Selbstimport, die Anwendung ist bisher nicht zugelassen.

Spitzwegerich:

Mehrfach wird von Pferdehaltern darauf hingewiesen, dass Spitzwegerich eine stark insektenabwehrende Wirkung besitzt. Dazu ist dieses Verfahren preiswert, denn Spitzwegerich wächst bundesweit auf zahlreichen Koppeln und Wegrändern. Der Spitzwegerich wird sehr klein geschnitten, oder im Mixer püriert und mit etwas Wasser und vier Esslöffeln Essig pro Liter vermischt. Die entstehende - zugegeben sehr grüne und leider farbechte - Mischung wird täglich auf die befallenen Stellen aufgetragen.

Fliegenlotionen:

Handelsübliche Fliegenlotionen wie die *Derby Fliegenlotion*, *Mira Fliegenschutzlotion*, das französische Antimückengel, *Zedan*, *Bremsen-frei*, *Leovet Fliegenstop* oder andere werden teilweise verwendet. Richtig überzeugende Anhänger gibt es wenige, zumal diese Präparate um Schutz zu gewährleisten entgegen den Herstellerversprechungen mehrmals täglich aufgetragen werden müssen. Guten Schutz bieten sie bei trockenem Wetter bis zu vier Stunden, sind also für den kurzfristigen Aufenthalt draußen in gefährlichen Zeiten durchaus geeignet. Der abendliche Ausritt zum Beispiel kann so geschützt stattfinden.

6. Phytotherapeutika:

Hier gibt es kaum Hinweise, die Nennungen beschränken sich auf die äußere Anwendung von Tees. Besonders wirksam bei Sommerekzem scheint Gänsefingerkrauttee in einmal täglichen Waschungen zu sein. Ohne insektenvertreibende Begleitmaßnahmen nützt es jedoch wenig.

Häufig wird die Heilung durch Betupfen mit Kamillosan oder Kamillentee verbessert. Meine eigenen Erfahrungen hierzu sind allerdings nicht erfolgversprechend.

7. Homöopathika:

Homöopathische Ansätze gehen davon aus, dass einem wie auch immer gearteten Parasitenbefall eine innere Schwäche des Organismus zugrunde liegt. Genannt werden daher häufig Konstitutionsmittel. Die Behandlung soll erreichen, dass der Hautstoffwechsel saniert, die schützende Hautflora gestärkt und das ektoparasitenspezifische Immunsystem aktiviert wird. Um eine gute homöopathische Behandlung machen zu können, muss eine sorgfältige Diagnose des Einzeltieres von einem versierten Homöopathen durchgeführt werden. Das Herumprobieren mit verschiedenen Homöopathika kann höchstens zufällig ein gutes Ergebnis bringen. Dennoch will ich die häufigsten Hinweise kurz auflisten. Die Angaben haben immer den Namen des Mittels und seine Potenz

(Verdünnung), Buchstabe und Zahl sind wichtig! Homöopathika gibt es fast alle rezeptfrei in der Apotheke. Die Anwendung ist nicht verboten, zumal Homöopathika laut Gesetz keine wirksamen Arzneimittel sind. Besser ist es trotzdem, sich von versierten Anwendern, homöopathisch tätigen Tierärzten oder erfahrenen Heilpraktikern beraten zu lassen. Bitte nicht alleine neu kombinieren und bitte nicht dasselbe Medikament in verschiedenen Potenzen zeitgleich am gleichen Pferd anwenden.

Als Faustregeln für die Dosierung kann gelten: Eine Dosis sind zehn Kügelchen (Globuli), oder zehn Tropfen oder zwei Tabletten. Globuli und Tabletten können in Wasser aufgelöst werden. Homöopathika sollen nicht mit dem Fressen, gleichzeitig mit stark riechenden Dingen oder mit Fetten verabreicht werden. Sie werden größtenteils bereits im Maul vom Körper aufgenommen. Verabreichungen auf trockenem Brot sind möglich. Niedrige Potenzen (D1 bis D6) können in der Regel dreimal täglich verabreicht werden. Mittlere Potenzen (bis D30) einmal täglich. Hochpotenzen nur einmalig und möglichst nicht nach Selbstmedikation. Eine Gabe kann hier monatelang wirksam sein!

Ledum:

Ledum ist dasselbe wie Sumpfporst, ein Heidekrautgewächs. In der Potenz C30 wird Ledum eventuell gemeinsam mit Staphysagria C 30 einmal wöchentlich gegen Ektoparasiten empfohlen.

Ledum D1000 kann alle drei Monate angewandt werden. Hier gibt man eine Einzeldosis. In Kombinationen mit Apis muss darauf geachtet werden, dass beide Präparate nicht zeitgleich verabreicht werden. Der zeitliche Abstand zwischen den beiden Gaben sollte wenigstens vier Stunden betragen. Ledum muss vor Apis gegeben werden. Gleichzeitige Applikation kann zu Koliken führen. (Verblüffend für den Kritiker, dass „wirkungslose Mittelchen" Derartiges bewirken können und eine Warnung für den Leichtfertigen.)

Ledum D3 dreimal täglich zehn Globuli bei akuten Schüben etwa zehn Tage lang. Eventuell gemeinsam mit Staphysagria D30.

Ledumtinktur äußerlich soll Juckreiz nehmen.

Staphisagria:

Staphysagria ist der andere Name für Stephanskraut, ein Hahnenfuß-Gewächs. Staphysagria C30 einmal wöchentlich gemeinsam mit Ledum C30.

Staphysagria D30 gemeinsam mit Ledum D3 einmal täglich über zehn Tage.

Sulfur:

Sulfur, Schwefel findet in den Potenzen D6, D12 und D30 Anwendung. Sulfur gilt als Reaktionsmittel bei vielen Hautkrankheiten. Während der Behandlung

Ohne Veränderung der Haltung nützt alles nichts! Foto: Schmelzer

können die Pferde beginnen, nach faulen Eiern zu riechen. Das gehört dazu, der einzige Trost ist, dass die Mücken es auch nicht mögen.

Graphitis:

Graphitis oder Reißblei gilt als Konstitutionsmittel. Es wird in den Potenzen D6 oder D12 verabreicht.

Cardiospermum:

Cardiospermum ist ein relativ modernes Homöopathikum. Es handelt sich um einen Extrakt der Ballonrebe, eines Seifenbaumgewächses. Cardiospermum verabreicht man am besten vorbeugend ab Mitte März in der Potenz D3. Die einmal tägliche Verabreichung genügt.

Echinacea:

Echinacea, oder die schmalblättrige Kegelblume, ist allgemein milieuumstimmend. Hier wird vor allem die äußere Anwendung der Tinktur empfohlen. Innerlich kann Echinacea D10 verabreicht werden.

8. Fette und Öle zur äusserlichen Anwendung:

In Behandlungskonzepten werden überwiegend Mittel genannt, die das tägliche konsequente Einschmieren erforderlich machen. Viele Kombinationspräparate finden Verwendung. Fette, die rein angewandt werden, können hier dargestellt werden. Anderes findet sich in dem Versuch einer groben Sortierung weiter unten unter Kombinationspräparate.

Für alle Fette mit oder ohne Zusätze gilt, dass es sich um eine ziemlich schmierige Angelegenheit handelt. Wer sein Pferd nicht nur pflegen, sondern auch reiten will, sollte sich für den Sommer leicht zu reinigende Zügel und waschbare Handschuhe anschaffen.

Ballistol:

Ballistol ist ursprünglich ein Waffenöl. Dieses Waffenöl eignet sich hervorragend zum Einreiben betroffener Bezirke. Zum einen heilt die Haut unter diesem Öl schnell ab, zum anderen nimmt es den Juckreiz und kann so weiteres Scheuern verhindern. Leider riecht Ballistol sehr streng. Tägliches Einreiben ist notwendig. Mücken mögen weder den Geruch, noch den Fettfilm, der ihnen das Stechen erschwert, und plagen so ein eingeriebenes Pferd weniger. Für den Ästheten gibt es Ballistol auch für die Anwendung beim Menschen gereinigt und aufbereitet als Neoballistol in der Apotheke.

PMP-Öl

Die Zusammensetzung dieses Öls ist ausser dem Hinweis auf enthaltene ätherische leider geheim. Begeisterte Anwender bescheinigen dauerhaften Erfolg. Zusätzlich soll es auch bei Milbenbefall wirksam sein.

Teebaumöl:

Teebaumöl wird als äußerliches Heilmittel bei uns gerade neu entdeckt. Es wird pur oder verarbeitet in Cremes, Shampoos und Lotionen angewandt (beim Menschen auch viel in Kosmetikprodukten). Der Teebaum hat mit dem hier bekannten Tee nichts zu tun. Es handelt sich um ein Myrtengewächs, von dem alleine in Australien dreißig Arten bekannt sind. In Australien wurde es auch zunächst in Aufgüssen und Umschlägen von den Aborigines verwandt.

James Cook ließ schließlich 1770 aus den Blättern dieses Baumes einen Tee zubereiten und machte so diese Pflanze über Australien hinaus bekannt. Seither heißt diese Pflanze Teebaum. Heute verwendet man ein aus den Blättern per Wasserdampfdestillation gewonnenes ätherisches Öl. Teebaumöl hilft Wunden zu heilen, unterdrückt Juckreiz und ist ein sehr gutes Insektenvertreibungsmittel.

Einige halten den Geruch dieser Essenz für angenehm und interessant, die meisten verabscheuen ihn von Anfang an ebenso wie die Mücke. Auch Teebaumölfreunde verlieren mit der Zeit den Spaß und freuen sich irgendwann während des Winters diesen Geruch, der an allem haftet und in Nylon und Goretexkleidungsstücken auch Reinigungen überdauert, wieder loszuwerden. Einige Pferde reagieren auf reines Teebaumöl allergisch. In diesen Fällen sind Verdünnungen mit Speiseöl, Nussöl (teuer!) oder Babyöl möglich. Zum Strecken des Teebaumöls und um seine Wirkung zu verlängern, bietet sich die Mischung mit Jojobaöl an.

Erprobt ist folgendes Verfahren: Bei beginnenden Symptomen wird das Teebaumöl unverdünnt auf die betroffenen Stellen aufgetragen. Klingen die Symptome ab, kann man das Teebaumöl im Verhältnis 40:60 mit Jojobaöl mischen. Gewöhnlich genügt es, diese Mischung einmal täglich aufzutragen. An sehr schwülen Tagen kann das zwei bis dreimalige Auftragen erforderlich werden. Behandeln Sie ein Ekzempferd in einer Herde, so bietet es sich an, allen Pferden einen Tropfen Öl an den Widerristbereich zu tupfen.

Leovet bio-Hautöl:

Leovet bio-Hautöl ist eine Kombination verschiedener hochwertiger Öle mit den Wirkstoffen von Johanniskraut, Karotte und Ringelblume. Es hat einen sehr guten Verteilungseffekt auf der Haut und ist in der Lage, Mücken abzuhalten. Leovet bio-Hautöl ist sehr gut verträglich; Überempfindlichkeiten sind nicht bekannt. Dazu begünstigt es die Heilung kleiner Wunden und dämpft auftretenden Juckreiz. Vor allem von Islandpferdeleuten wird dieses Öl mit sehr gutem Erfolg angewandt. Die einmal tägliche Anwendung genügt in der Regel. Etwa alle drei Tage sollten behandelte Stellen mit klarem Wasser abgespült werden.

Nussöl:

Nussöl und Tiroler Nussöl sind stark heilungsfördende Therapeutika. Sie riechen angenehm und können so weder uns noch die Mücken vertreiben. Es muss also zusätzlich zur täglichen Wundpflege mit Nussöl ein mückenabwehrender Stoff aufgetragen werden. Nach Abheilung kann Pflege und Schutz in Einzelfällen mit dem Auftragen des Nussöls an jedem zweiten Tag auf alle gefährdeten Stellen erreicht werden.

Nelkenöl:

Nelkenöl wird nicht pur angewendet. Es hat einen stark mückenabwehrenden Effekt. Nelkenöl lässt sich gut unter Fliegenschutzlotionen mischen, um deren Wirkdauer zu verlängern. Auch durch Zugabe eines Tropfens Nelkenöl zu anderen Ölen, die aufgetragen werden, lässt sich ein verbesserter Mückenschutz erreichen. Zu hoch konzentriertes Nelkenöl kann lokal reizen und allergische Reaktionen verursachen.

Melkfett:

Melkfett ist ein sehr gut verträgliches festes Fett, welches sich zum Abdecken befallener und gefährdeter Stellen gut eignet. Die Wundheilung kann begünstigt werden. Da das Melkfett außer eben fettig zu sein keine für uns nutzbaren Eigenschaften mitbringt, wird es gerne als Trägerstoff genutzt. Ringelblumenauszüge (*Calendula)* fördern die Wundheilung. Nelkenöl hält Mücken ab.

Paraffinöl:

Paraffinöl ist gut verträglich, leicht aufzutragen und preiswert. Allein durch den entstehenden Fettfilm sollen Mücken abgehalten werden. Paraffinöl eignet sich wie Melkfett als Trägerstoff.

Lanolin:

Lanolin ist ein Wollfett und als solches gut hautverträglich. Bei längerer Anwendung kann es aber die Poren verstopfen, es muss also regelmäßig gründlich abgewaschen werden. Es hat auch vor allem als Trägerstoff Bedeutung. *Arnika* lässt sich zum Beispiel sehr gut zur Wundheilungsverbesserung einmischen.

Ein sehr interessantes Rezept auf Lanolinbasis ist die Beimischung von Zwiebel, Fenchel, Knoblauch, Salbei und Kamille. Anwender dieser Rezeptur sind sehr zufrieden. Die Mischung muss täglich aufgetragen werden.

Wer Lanolinrezepte verwendet muss damit rechnen, selber noch stärker eingefettet zu werden, als bei den meisten anderen Ölen.

Althosol:

Althosol ist ein Wundöl, dessen Wirkung bereits in sehr alten veterinärmedizinischen Quellen beschrieben ist. Es ist sehr stark granulationsfördernd und kann die Wundheilung entscheidend verbessern. Zudem ist Althosol desinfizierend und beugt den gefürchteten Sekundärinfektionen befallener Stellen vor. Mücken meiden mit Althosol bestrichene Stellen. Leider riecht es nicht so gut. Tägliche Anwendung ist auch hier notwendig.

Nivea Hautöl:

Mit dem *Nivea Hautöl* haben wir endlich mal ein Fett zu fassen, welches gut riecht. Hier sind die Mücken nicht unserer Meinung, sie meiden mit Nivea Hautöl bestrichene Stellen. Gut verträglich und pflegend ist Nivea Hautöl außerdem. Die Anwendung erfolgt einmal täglich, reicht aber alleine nicht aus.

Zedernholzöl:

Zedernholzöl ist unter diesem Namen oder als Antimückenöl in Apotheken erhältlich. Es vertreibt Mücken zuverlässig, reizt aber auf offenen Stellen. Die tägliche Anwendung ab April soll Ausbrüche ganz verhindern können. Auf dem blühenden Ekzem ist die Anwendung nicht mehr überzeugend, wenn nicht gleichzeitig etwas gegen die lokale Reizung und für die Wundheilung getan wird.

Huf-Öl:

In furchtbarer Verzweiflung über das Ekzem muss einmal jemand auf die Idee gekommen sein, betroffene Stellen mit

Huf-Öl zu bestreichen. Der Erfolg ist verblüffend. Am meisten wird das englische *Hoof Oil* von Vanner verwandt. Tägliches Bestreichen aller befallenen Stellen ist Voraussetzung für einen Therapie-Erfolg. Eventuell erklärbar ist die zu beobachtende Überlegenheit dieses Öls über andere Fette durch den enthaltenen Teer.

Lebertransalben:

Lebertransalben, Zinklebertransalben und reiner Lebertran eignen sich zur Verbesserung der Wundheilung und zum Abdecken betroffener Bezirke. Interessant ist ein Rezept aus 800 g Honig und 200g Lebertran. Die Zutaten werden leicht erwärmt und verrührt. Mit dem Gemisch muß zweimal täglich eingeschmiert werden. Zusätzlicher Mückenschutz ist erforderlich.

9. Kombinationspräparate und was es sonst noch gibt:

AE-Emulsion:

AE (Aegidienberger) Emulsion ist eine Mischung aus 9 hochwertigen ätherischen Ölen. Sie ist seit 25 Jahren erprobt und im Einsatz. Aegidienberger Emulsion kräftigt Haut und Haare und gibt dem Haarkleid einen gesunden Nährboden. Sie ist fliegenabweisend und juckreizstillend, ohne Zusätze von Cortison oder Salicyl, ungiftig und biologisch völlig abbaubar.

Triplexan:

Triplexan ist ein Anti-Ektoparasitikum. Es ist für Pferde nicht zugelassen. Es vereinigt insektizide, bakterizide und antimykotische (gegen Hautpilz) Wirkung und ist im Prinzip für alle Sommerekzemstadien einsetzbar.

Dermakulin:

Dermakulin war ein sehr wirksames Kombinationspräpart. Es ist nicht mehr im Handel.

Penochron:

Penochron ist ein hochwirksames, corticoidhaltiges Medikament zur Behandlung aller durch Parasiten verursachten Ekzeme bei Pferd und Hund. Es hilft auch gegen Bakterien und Pilze. Der Anteil an Prednisolon, dem Cortikoid, ist juckreizhemmend und drängt die Entzündung zurück. Enthaltenes Hexachlorcyclohexan ist für Fische und Bienen giftig. Auf Schleimhäuten wirkt das Medikament stark reizend und auf großen Wundflächen soll es ebenfalls nicht angewandt werden. In schweren Fällen erfolgt das dünne Einreiben aller betroffenen Stellen zweimal täglich, normalerweise genügt einmal täglich. In Zeiten sichtlicher Besserung ist eine Einreibung alle zwei Tage ausreichend. Lästig ist, dass die einzureibenden Stellen vor dem Einreiben gründlich gereinigt werden müssen und trocken sein sollen.

Prurituslotion:

Prurituslotion ist ein Kombinationspräparat aus einem Cortikoid und einem Antibiotikum. Es ist bei einmal täglicher Anwendung in den Phasen drei und vier des Sommerekzems gut brauchbar. Prurituslotion ist für Pferde nicht zugelassen.

Prurivet:

Prurivet ist leider ebenfalls für Pferde nicht zugelassen. Es enthält Chloramphenikol, ein Antibiotikum, dessen Anwendung an lebensmittelliefernden Tieren seit einigen Jahren verboten ist. Zudem enthält es ein Cortikoid, insektenvertreibende, entzündungshemmende und pilzwirksame Wirkstoffe.

Somerol:

Somerol ist eine vom Rezept her relativ neue Zubereitungsform. Somerol enthält Salicylöl und keine Cortikoide. Eine Untersuchung an 32 Pferden führte bei 40% der Pferde zum vollständigen Verschwinden der Symptome, bei weiteren 50% zu deutlicher Besserung. Inzwischen wird Somerol seit mehreren Jahren zur Ekzembehandlung eingesetzt. Die Anwender sind überwiegend zufrieden. Die Behandlung erfolgt bei stark ausgeprägter Sommerekzemsymptomatik täglich durch Benetzen der betroffenen Areale. Am folgenden Tag wird mit einer Wurzelbürste gründlich ausgebürstet. Bei leichter Symptomatik genügt die Behandlung alle drei bis vier Tage. Somerol wird sehr gut vertragen. Die Wirkung beruht hauptsächlich auf dem juckreizstillenden Effekt. Eine gewisse Entzündungshemmung und Heilungsverbesserung kann diesem Medikament zusätzlich zugesprochen werden. Und noch ein Bonbon: Erlaubt ist es auch (nur ein bisschen schwierig zu bekommen).

Ökozon:

Leider geraten wir hier ein bisschen in den Bereich des Geheimnisvollen. Was nämlich Ökozon ist, wird uns nicht verraten. Der Erfinder, Herr Busch, hat diese Kombination ausgetüftelt, steht dem Anwender auch mit reichlich Rat zur Seite, hat sogar ein Buch geschrieben, lässt sich aber nicht in die Karten gucken. Die Ökozonbehandlung beginnt erst mit auftretender Unruhe, muss dann aber bis Oktober durchgehalten werden. Die ersten drei Behandlungswochen sind sehr aufwendig, aber die erzielbaren Ergebnisse sind überzeugend. Helfen tut dieses Rezept bei bestimmungsmäßiger Anwendung „immer". Einige Pferde wurden sogar ab dem dritten Behandlungsjahr immun gegen neue Ausbrüche.

Der Name hat mit dem aus der Chemie bekannten dreiwertigen Sauerstoff Ozon nichts zu tun. Herr Busch hat ihn gewählt, weil seine Therapie unsere Pferde mit einem Schutz umgeben soll, ähnlich der Ozonschicht um die Erde. Das Wort Ökozon deckt drei verschiedene

Anwendungsmöglichkeiten ab, die nach streng vorgeschriebenem Plan verabreicht werden müssen. Ökozon 1 ist flüssig und wird eingegeben. Ökozon 2 hat Würfelform und wird in einer Dosierung bis zu sechs Würfel täglich eingegeben. Ökozon 3 ist eine Emulsion zum Einreiben. Während der ersten drei Wochen muss man sein Pferd dreimal täglich behandeln. Wer nicht im Stall wohnt, beginnt die Behandlung mit der Suche nach zuverlässigen Helfern oder während seines Jahresurlaubs. Tröstlich ist, dass bereits am Ende der ersten Woche ein Erfolg beobachtet werden kann. Da es bei der Behandlung mit Ökozon 1 und Ökozon 2 verschiedene Stärken des Medikamentes gibt, muss man bereits bei der Bestellung seinen Ekzemer und die Umgebung, in der er wohnt, möglichst gut beschreiben.

Bisex:

Bisex ist ein antimückenwirksames Medikament. Es enthält Lorbeeröl, Petroleum, Tierfette und Kaliseifen. Die Pferde werden einmal täglich mit diesem Mittel an den betroffenen Stellen eingesprüht. Der Verbrauch ist sehr sparsam. Leider riecht Bisex schlecht und hinterlässt einen graubraunen Ölfilm auf dem Pferd.

Hydrocortiderm:

Hydrocortiderm ist eine cortikoidhaltige Lotion zur Anwendung auf den betroffenen Stellen. Es enthält zudem ein Antibiotikum, ist also auch auf infizierten Stellen anwendbar. Es ist für Pferde zugelassen, gut verträglich und es riecht gut.

Vetocare (Früher Pili):

Vetocare ist eine Naturcreme aus Dänemark, die keine arzneilich wirksamen Bestandteile enthält. Sie vertreibt Insekten, hilft Hautwunden heilen und lindert Juckreiz. Vetocare ist gut verträglich und sparsam im Verbrauch. Die Anwendung muss 2x täglich erfolgen.

Vitamin B:

B-Vitamine können in Zusätzen zugefüttert werden, die B-Vitamine natürlich enthalten. Es gibt auch Theorien, nach denen eine überreichliche Versorgung mit Vitamin B1 zur Ekzemtherapie benutzt werden kann. Da Unverträglichkeiten nicht beschrieben sind und Überdosierungen dieses Vitamins unbedenklich scheinen, ist es einen Versuch wert. In der Apotheke bekommt man zum Beispiel das reine Vitamin B1 als *Benerva Tabletten*. Die Dosis pro Tier und Tag beträgt 500 Milligramm.

Stress Vitam:

Hier ist ausdrücklich das französische Präparat gemeint. Das entsprechende deutsche Präparat ist zwar nur geringfügig anders zusammengesetzt, hilft aber nicht annähernd so gut. *Stress Vitam* enthält im Wesentlichen die Vitamine A und

D und Vitamine des B-Komplexes. Zur Prophylaxe gibt man jeden dritten Tag fünf Milliliter ein. Das Medikament kann auch gespritzt werden. Zur Ekzembehandlung gibt man jeden zweiten Tag zehn Milliliter. Da es sich um ein Aufzuchtpräparat für Jungtiere handelt, ist sein Einsatz am lebensmittelliefernden Tier sogar erlaubt.

Sikapur:

Sikapur ist dasselbe, wie Silicea, nur preiswerter. Es wird täglich auf die betroffenen Stellen aufgetragen und kann zusätzlich innerlich angewandt werden.

Grüner Lehm:

Versuche, Ekzemstellen mit *grünem Lehm* zu behandeln, bringen zwar spontane Linderung und eine Verbesserung des Hautbildes, aber durch schnelles Antrocknen und Spannen des Lehms keinen anhaltenden Erfolg. Es kann zur Freude des Pferdes und um uns an unsere Baggermatschzeit zu erinnern, aber durchaus zwischendurch genommen werden.

Für dieses Jahr ist alles überstanden! Foto: Schmelzer

Einige Worte zum Schluss

Schön, liebe Leserin, lieber Leser, dass Sie mir bis hierhin gefolgt sind. Ich hoffe sehr, Ihre Erwartungen, die zum Kauf dieses Buches geführt haben, nicht enttäuscht zu haben.

Ihr Wissen über das Sommerekzem ist ja nun erheblich gewachsen, bleibt zu hoffen, dass sich das auf die Ekzemneigung Ihres Lieblings auswirkt. Andernfalls kommen Sie auf meinen Vorschlag zurück, das abendliche Hefeweizen mit ihm zu teilen und lesen Sie ihm einzelne Absätze nachdrücklich vor. Entscheidet er sich dann für eine Therapie, so finden Sie einige Hinweise zu Bezugsadressen im Anhang.

Ihr Haustierarzt, Ihr Lieblingsheilpraktiker, Ihr Reitlehrer und alle die anderen Berater stehen Ihnen sicher auch gern zur Verfügung.

Lassen Sie sich nicht abspeisen, fragen Sie hartnäckig nach, wenn Sie etwas nicht verstehen oder den Eindruck haben, Ihnen ist nicht richtig zugehört worden (das gilt natürlich nicht für Nachfragen an die Autorin), besprechen Sie, was Ihnen wichtig erscheint und versuchen Sie, so viele verschiedene Meinungen und Denkweisen zu hören wie möglich. Richten Sie sich aber um Gottes willen nicht nach allem, was Ihnen geraten wird, sammeln Sie nur. Vergessen Sie nicht, dass Sie und allein Sie für das seelische und körperliche Wohlbefinden Ihres Pferdes verantwortlich sind (wenn er Regen hasst, tun Sie was dagegen).

Die Zufriedenheit und Gesundheit Ihres Pferdes liegen mir am Herzen.

Wichtige Adressen

AE- Emulsion
(Aegidenberger Emulsion)
Walter Feldmann
Peter-Staffel-Straße 13
53604 Bad Honnef
Tel. 02224/80030

Bisex
Tierarzneimittelfabrik Pusta
Am Bahnhof 76
27239 Twistringen

Sikapur
Firma Anton Hübner
Ehrenkirchen
79238 Kirchhofen

Neoballistol
Firma Klever
84168 Aham

Hoof Oil
Vanner + Prest
Great Dunmow/Essex
England

Leovet
Vital GmbH
Dr. Ulf Jacoby
35633 Lahnau

Teebaumöl
Detlev Mendel
Friedhofstr. 9
97650 Brüchs

PMP-Öl
Haerpfer + Haerpfer
Haydnstr. 121
A-2333 Leopoldschar/Wien

ansonsten fragen Sie Ihren Tierarzt oder Apotheker.

Literatur

Anderson, G. : „Immunotherapie trial for horses in British Columbia", Journal of medical entomology, 33.3

Baker, K.P. : „A report of clinical aspects and Histopathologie of sweet itch", Equine Veterinary Journal 10,

Baker, K. P.: „A disease resembling Sweet itch in Hongkong", Equine Veterinary Journal 16

Becker, W.: „Über Vorkommen Ursache und Behandlung des sogenannten Sommerekzems bei Ponys" Berliner und Münchner tierärztliche Wochenschrift

Becvar, W.: „Nutztiere natürlich heilen," DLG Verlag Frankfurt

Berg , W. : „Fragebogenauswertung " Das Islandpferd Nr. 10

Boch, J. R. Supperer: Veterinärmedizinische Parasitologie, Parey Verlag

Borchert, A. : Lehrbuch der Parasitologie für Tierärzte, Hirzel Verlag Leipzig

Consilium cedip veterinaricum, Naturheilweisen am Tier, Cedip GmbH

Drury, S. : Die Geheimnisse des Teebaums, Windpferd Verlagsgesellschaft

Eliane, M.: „Sommerekzem", Hausmitteilungen Institut für Tierzucht, Universität Bern

Emich, G.: Naturheilkunde Pferdekrankheiten, BLV

Ende, H.: Die Stallapotheke, Müller Rüschlikon

Freizeit im Sattel: „Sommerekzem Ursache Behandlung Vorbeugung", fs Verlag 96

Freizeit im Sattel, Ausgaben Juli 96 bis März 97

Gerweck, G. : Der Homöopathische Pferdedoktor, Franckh Kosmos

Gerweck, G.: So bleibt Ihr Pferd gesund und vital, Franckh Kosmos

Halldorsdottir, S.: „An epidemiological study of summerekzema in Icelandic horses in Norway", Equine Veterinary Journal, 23.4

Haßlacher, D.: „Sommerekzem beim Pferd, ein Feldversuch zur Behandlung mit einer steroidfreien galenisch neuen 10 % Salicylölzubereitung", Praktischer Tierarzt, 72.10

Hesselholt, M.: „Sweet Itch in horse" Dansk Veterinaertidsskrift

Kurotaki, T.: „Immunopathological Study on equine insect hypersensitivity in Japan", Journal of comparative Pathology, 110.2

Löscher, W. : Grundlagen der Pharmakotherapie bei Haus und Nutztieren, Parey Verlag

McCaig, J.: „A survey to establish the incidence of sweet itch in ponies in the Unitet Kingdom" Veterinary record, 93.16

Mellor, P.: „The probable cause of sweet itch in England", Veterinary record, 95.18

Morrow, A.: Allergic skin reactions in the horse, Journal of Veterinary medicin, 33

Rakow, B.: Bewährte Indikationen der Homöopathie in der Veterinärmedizin, Sonntag Verlag, Stuttgart

Salomon, W.: Naturheilkunde für Pferde, ECON Taschenbuch Verlag

Schoo, M.: Vorbeuge und Behandlung des Sommerekzems bei Pferden durch die Abwehr von Gnitzen mit Pyrethroiden, Vet. Diss. 1988

Stevens, D.P. : „High cis permethrin for the control of sweet itch in horses", Veterinary Record, 122

Strothmann, A.: „Beitrag zum Sommerekzem der Islandpferde", Vet. Diss.

Strothmann-Luerrsen, A.: „Das Sommerekzem beim Islandpferd; epidermale Eicosanoid Konzentration ..", Pferdeheilkunde, 8.6

Troedsson; M.: „Summer eczema of Icelandic horse", Svensk Veterinartiding

Unkel, M.: Das Sommerekzem, Kierdorf Verlag

Unkel, M.: „Epidemiologische Erhebung zum sogenannten Sommerekzem bei Islandpferden, Praktischer Tierarzt, 65.8

Wintzer, H. J.: Krankheiten des Pferdes, Parey Verlag

Wolter, H.: Klinische Homöopathie in der Veterinärmedizin, Haug Verlag

Register